과학사 밖으로 뛰쳐나온 **물리학자들**

천재들의 과학노트

캐서린 쿨렌 지음
곽영직(수원대학교 물리학 교수) 옮김

물리학

3

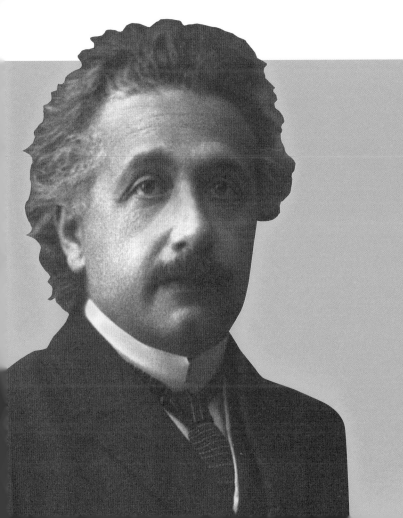

지브레인

PHYSICS by Katherine Cullen, Ph. D ⓒ 2005

Korean translation copyright ⓒ 2015 by JakeunChaekbang
Korean translation rights arranged with FACTS ON FILE, INC.
through EYA(Eric Yang Agency).

이 책의 한국어판 저작권은 EYA(에릭양 에이전시)를 통한 FACTS ON FILE, INC. 사와의
독점계약으로 한국어 판권을 작은책방이 소유합니다.

천재들의 과학노트 ❸
물리학

ⓒ 캐서린 쿨렌, 2016

초 판 1쇄 발행일 2007년 4월 25일
개정판 1쇄 발행일 2016년 1월 28일

지은이 캐서린 쿨렌   **옮긴이** 곽영직
펴낸이 김지영   **펴낸곳** 지브레인 Gbrain
편집 김현주   **삽화** 박기종
마케팅 김동준 · 조명구   **제작 · 관리** 김동영

출판등록 2001년 7월 3일 제2005-000022호
주소 04047 서울시 마포구 어울마당로 5길 25-10 유카리스티아빌딩 3층
(구. 서교동 400-16 3층)
전화 (02)2648-7224   **팩스** (02)2654-7696
홈페이지 www.gbrainmall.com

ISBN 978-89-5979-351-8 (04420)
        978-89-5979-357-0 (04080) SET

이 책을 먼 훗날 과학의 개척자들에게 바친다.

우리나라 대학 입시에 수학능력평가제도가 도입된 지도 벌써 10년이 넘었습니다. 그런데 우리나라의 수학능력평가는 제대로 된 방향으로 가고 있는 걸까요?

제가 미국에서 교편을 잡고 있던 시절, 제 수업에는 수학이나 과학과 관련이 없는 전공과목을 공부하는 학생들이 많이 참가했습니다. 학기 첫 주부터 칠판에 수학 공식을 휘갈기면 여기저기에서 한숨 소리가 터져 나왔습니다. 하지만 학기 중반에 이르면 대부분의 학생들이 큰 어려움 없이 미분방정식까지 풀어 가며 강의를 잘 따라왔습니다. 나중에, 어떻게 그 짧은 시간에 수학 공부를 따라올 수 있었느냐고 물으면, 학생들의 대답은 한결같았습니다. 도서관에서 책을 빌려다가 독학을 했다는 것입니다. 이게 바로 수학능력입니다. 미국의 고등학생들은 대학에 진학해서 어떤 학문을 접하더라도 제대로 공부할 수 있는 능력만큼은 갖추고 대학에 진학합니다.

최근에 세상을 떠난 경영학의 세계적인 대가 피터 드러커 박사는 "21세기는 지식의 시대가 될 것이며, 지식의 시대에서는 배움의 끝이 없다"고 말했습니다. 21세기에서 가장 훌륭하게 적응할 수 있는 사람은 어떤 새로운 지식이라도 손쉽게 자기 것으로 만들 수 있고, 어떤 분야의 지식이든 소화할 수 있는 능력을 가진 사람일 것입니다.

이런 점에서 저는 최근 우리나라 대학들이 통합형 논술을 추진하고 있는

것이 매우 바람직한 일이라고 생각합니다. 학생들이 암기한 지식을 토해
내는 기술만 습득하도록 하는 것이 아니라 여러 분야의 지식과 사고체계를
두루 갖춰 어떤 문제든 통합적으로 사고할 수 있도록 하자는 것이 통합형
논술입니다.

　앞으로의 학생들이 과학 시대를 살아 갈 것인 만큼 통합형 논술에서 자
연과학이 빠질 리 없다는 사실쯤은 쉽게 짐작할 수 있을 것입니다. 그런데
자연과학은 인문학 분야에 비해 준비된 학생과 그렇지 않은 학생의 차이가
확연하게 드러납니다. 입시에서 차이란 결국 이런 부분에서 나는 법입니
다. 문과, 이과의 구분에 상관없이 이미 자연과학은 우리 학생들에게 필수
적인 과정이 되어 가고 있습니다.

　자연과학적 글쓰기가 다른 분야의 글쓰기와 분명하게 다른 또 하나의 차
이점은 아마도 내용의 구체성일 것입니다. 구체적인 사례와 구체적인 내용
이 결여된 과학적 글쓰기란 상상하기 어렵습니다. 이런 점에서 〈천재들의
과학노트〉 시리즈는 짜임새 있는 기획이 돋보이는 책입니다. 물리학, 화학,
생물학, 지구과학 등 우리에게 익숙한 자연과학 분야는 물론이고 천문 우
주학, 대기과학, 해양학과 최근 중요한 분야로 떠오른 '과학·기술·사회'
분야까지 다양한 내용이 담겨 있습니다. 각 분야마다 10명의 과학자와 과
학이론에 대해 기술해 놓았으니 시리즈를 모두 읽고 나면 적어도 80여 가
지의 과학 분야에 대한 풍부한 지식을 얻을 수 있는 것입니다.

　기본적인 자연과학의 소양을 갖춘 사람이 진정한 교양인으로서 인정받
는 시대가 오고 있습니다. 〈천재들의 과학노트〉 시리즈가 새로운 문화시대
를 여는 길잡이가 되리라고 확신합니다.

최재천
(이화여대 에코과학부 교수)

이 시리즈를 펴내며

과학의 개척자들은 남들이 생각지 못한 아이디어로 새로운 연구를 시작한 사람들이다. 그들은 실패의 위험과 학계의 비난을 무릅쓰고 과학 탐구를 위한 새로운 길을 열었다. 그들의 성장 배경은 다양하다. 어떤 사람은 중학교 이상의 교육을 받은 적이 없었으며, 어떤 사람은 여러 개의 박사 학위를 받기도 했다. 집안이 부유하여 아무런 걱정 없이 연구에 전념할 수 있었던 사람이 있는가 하면, 어떤 이는 너무나 가난해서 영양실조를 앓기도 하고 연구실은커녕 편히 쉴 집조차 없는 어려움을 겪기도 했다. 성격 또한 다양해서, 어떤 사람은 명랑했고, 어떤 사람은 점잖았으며, 어떤 사람은 고집스러웠다. 그러나 그들은 하나같이 지식과 학문을 추구하기 위한 희생을 아끼지 않았고, 과학 연구를 위해 많은 시간을 투자했으며, 자신의 능력을 모두 쏟아 부었다. 자연을 이해하고 싶다는 욕망은 그들이 어려움을 겪을 때 앞으로 나아갈 수 있는 원동력이 되었으며, 그들의 헌신적인 노력으로 인해 과학은 발전할 수 있었다.

　이 시리즈는 생물학, 화학, 지구과학, 해양과학, 물리학, STS(Science, Technology & Society), 우주와 천문학, 기상과 기후 등 여덟 권으로 구성되었다. 각 권에는 그 분야에서 선구적인 업적을 이룬 과학자 열 명의 과학 이론과 삶에 대한 이야기가 담겨 있다. 여기에는 그들의 어린 시절, 어떻게 과학에 뛰어들게 되었는지에 대한 설명, 그리고 그들의 연구와 과학적 발견, 업적을 충분히 이해할 수 있도록 하는 과학에 대한 배경지식 등이 포함되어 있다.

　이 시리즈는 적절한 수준에서 선구적인 과학자들에 대한 사실적인 정보를 제공하기 위해 기획되었다. 이 시리즈를 통해 독자들이 위대한 성취를 이루고자 하는 동기를 얻고, 과학 발전을 이룬 사람들과 연결되어 있다는 유대감을 가지며, 스스로 사회에 긍정적인 영향을 미칠 수 있는 사람이라는 사실을 깨닫게 되기를 바란다.

물리학이라는 단어가 생겨나기 전부터 사람들은 자연환경 속에서 살아오면서 자연의 힘을 체득해 왔다. 자연현상은 결코 피하거나 막을 수 있는 대상이 아니었다. 때문에 사람들은 세상이 어떻게 움직이고 있는지 이해하려고 노력해 왔다.

대학에서 역학^{力學}을 가르치기 훨씬 전인 5,000여 년 전부터 사람들은 무거운 물건을 운반할 때 발생하는 마찰력을 줄이기 위해 수레에 바퀴를 달아 사용하는 방법을 생각해냈다. 물건을 던질 때 가장 멀리 보낼 수 있는 각도와 시간을 계산하는 수식을 알지 못했지만 고대인들은 먼 곳에 있는 동물을 사냥할 때 막대 끝에 날카롭고 약간 무거운 돌을 달면 창을 더욱 멀리 던질 수 있다는 사실을 알고 있었다.

화학이 자연의 성분을 밝혀내는 것처럼 물리학은 모든 물체가 어떻게 움직이는지를 설명하는 학문이다. '물질과 에너지에 대한 과학적 연구'라고 정의할 수 있는 물리학은 난로 뒤로 달아나는 생쥐부터 목성의 위성에 이르기까지, 우주에 존재하는 모든 물체의 성질과 운동을 지배하는 자연법칙을 이해하려는 학문이다.

과학자들은 종종 20세기의 시작을 기준으로, 물리학을 고전물리학과 현대물리학으로 구분한다. 고전물리학은 운동, 열, 여러 가지 형태의 에너지,

소리, 빛, 물질의 상태, 전기 그리고 자기를 포함하여 관측 가능한 모든 자연현상을 다루고 있다. 일상생활을 하는 동안에 갖게 되는 궁금증들은 고전물리학의 지식을 이용하면 대개 이해할 수 있다. 예를 들어, 역학은 단거리 육상선수가 스타트를 할 때 발판에 발을 올려놓는 것이 어떤 식으로 도움이 되는지 설명해 준다. 물질의 상태에 대해 이해하게 되면 얼음이 왜 물 위에 뜨는지 알 수 있다. 세상을 변화시킨 에어컨이나 진공청소기는 자기학과 전기학의 원리들을 응용한 발명품이다.

이에 비해 현대물리학은 원자핵 붕괴, 물질을 이루는 입자들과 이들의 상호작용 등과 같이 원자보다 작은 세계에서 일어나는 일을 주로 다룬다. 불꽃놀이용 화약을 만드는 기술자들은 현대물리학의 한 분야인 양자물리학에서 설명하고 있는 현상을 이용한다. 특정한 화학물질이 에너지를 흡수하고 방출하는 양을 조절하여 가열되는 시간을 늦춤으로써 화려한 불꽃을 만들어 내는 것이다. 핵잠수함은 입자들이 어떻게 상호작용하는지를 다룬 지식을 응용한 결과물이다. 핵잠수함이 한 번에 일주일 동안이나 계속해서 잠수할 수 있는 것은 산소를 필요로 하지 않는 핵에너지를 사용하기 때문이다. 만약 산소를 이용하여 연소를 해서 에너지를 발생시키려고 한다면, 잠수함 안에 있는 승무원들은 산소 부족으로 그렇게 오랫동안 바닷속을 돌아다닐 수 없을 것이다.

물리학을 연구하는 방법에는 두 가지가 있다. 이 두 가지 다른 방법은 물리학을 발전시키는 데 상호 보완적인 역할을 한다.

실험물리학은 일정한 실험을 통해 결과를 이끌어 내는 반면 이론물리학자들은 자연에서 일어나는 일들을 설명하고 예측하기 위해 수학을 이용한다. 이 두 가지 방법은 각각 장점과 함께 단점을 가지고 있기 때문에 서로 연결되어서 행해져야 한다. 이론물리학은 실험물리학자들이 실험기구나 기술을 적용할 수 없는 분야에 대한 탐구를 가능하게 해 준다. 이론을 통한 예측은 실험결과를 통해 확인할 수 있고, 실험결과는 이론물리학자들이 전개해 나갈 연구의 방향을 제시한다.

물리학은 다른 과학의 기초가 된다. 물리학의 원리들은 생물학, 화학, 천문학, 지구과학의 여러 가지 현상을 설명할 수 있도록 돕는다. 자연법칙은 생물과 무생물을 구별하지 않기 때문이다.

생물물리학은 생명체 안에서 일어나는 현상들을 연구하기 위한 물리학적 토대를 제공한다. 생물물리학자들은 물질의 분자 구조를 연구하여 어떤 파장의 전자기파가 가장 효과적으로 흡수되는지를 알아낸다. 화학물질의 물리적 성질을 연구하는 물리화학자는 두 원자가 결합하는 데 필요한 에너지를 계산한다. 천체물리학자들은 천체의 물리적 성질을 연구한다. 천체물리학자는 분광기를 이용하여 별이 내는 파동을 분석함으로써 별의 구성 성분을 밝혀낸다. 그리고 물리학과 지리학의 결합을 통해, 어떤 과정을 거쳐 지구 표면의 모양을 변화시키는 화산 폭발과 지진이 만들어지는지를 알아낼 수 있게 되었다.

르네상스 기간(1300년~1600년) 동안에 천문학자들은 지식을 중요시하는 문화적 전통을 확장하여 과학이 보다 발전할 수 있는 길을 열어 놓았다. 1543년부터 1700년 사이에 있었던 과학혁명 기간 동안에 과학자들은 과학적 지식을 얻기 위해 잘 정의된 객관적 방법을 적용하기 시작했다. 1700년대 말부터 1800년대 초까지 계속되었던 산업혁명 기간 동안 한 단계 진보한 과학기술은 수많은 과학 발명품들이 쏟아지도록 만든 원동력이 되었다. 이러한 기술의 진보와 새로운 발명들은 지난 2세기 동안 물리학 분야의 폭발적인 발전을 가능하게 했다.

1687년 아이작 뉴턴은 중력법칙을 제안했고, 운동의 3법칙을 확립했다. 그는 또한 여러 가지 빛깔이 혼합되었을 때 흰빛이 만들어진다는 사실을 발견하여 광학 연구의 시발점을 마련하기도 했다. 뉴턴과 같은 영국인이었던 마이클 패러데이는 1831년에 전자기유도 현상을 발견했고, 이를 토대로 현대 전기산업의 기초가 된 세 가지 기기인 전기모터, 발전기, 변압기를 발명했다.

물리학자들은 19세기 말까지는 물리의 모든 기본적인 원리를 밝혀낼 수 있을 것이라고 믿었다. 하지만 독일의 물리학자 막스 플랑크가 양자 개념을 도입함으로써 물리학자들의 생각이 틀렸다는 것을 보여 주었다. 그러나 양자이론의 발전은 물리학의 개혁을 불러왔다.

1903년에 뉴질랜드 출신 물리학자 어니스트 러더퍼드는 화학 원소가 다른 원소로 바뀔 수 있다는 놀라운 사실과 함께 방사성 붕괴 이론을 발표했다. 방사성 붕괴 과정을 자세히 관찰하면서 그는 원자핵을 발견했고, 전자들이 중심에 있는 원자핵 주위를 돌고 있는 새로운 원자모델을 제안했다.

원자핵 물리학 분야의 선구적인 과학자들은 원자핵이 어떤 구조를 띠고 있으며 어떤 물질로 채워져 있는지를 알기 위해 원자핵을 조사했다. 1930년대 말에 나치의 탄압을 피해 베를린을 탈출한 리제 마이트너는 원자핵에 다른 입자를 충돌시키면 원자핵이 두 부분으로 나누어진다는 '원자핵 분열'을 발견했다. 미국 정부는 이러한 현상을 이용하여 원자폭탄을 만들 목적으로 리제 마이트너의 도움을 요청했지만, 그녀는 거절했다.

독일 출신의 미국 물리학자 알베르트 아인슈타인도 리제 마이트너와 마찬가지로 말년에는 평화를 증진하기 위해 노력했지만, 그것은 2차 세계대전에서 미국이 승리하기 위해 원자폭탄을 개발해야 한다는 탄원서에 자신의 이름과 명성을 올린 이후의 일이었다.

아인슈타인은 1905년에 여러 편의 놀라운 논문을 발표하여 세계적인 명성을 얻었다. 그중 한 편은 빛이 에너지 알갱이라는 사실을 밝혀낸 것이었다. 빛이 가지고 있는 에너지 알갱이는 후에 광자光子라고 불렸고, 이 연구로 인해 아인슈타인은 노벨상을 받았다. 다른 논문은 액체 속에 떠 있는 작은 입자들의 브라운 운동을 설명하여 분자의 존재를 증명한 것이었다. 같은 해에 그는 에너지와 질량을 $E=mc^2$이라는 식으로 연결하는 특수상대성이론을 발표하여 절대적인 공간과 시간은 존재하지 않는다고 주장했다. 이런 그의 생각은 물리학의 원리들이 새롭게 정립되어야 한다는 사실을 뜻했다: 10년 후인 1915년에 아인슈타인은 중력과 관성이 동등하다는 것을 보여 주는 일반상대성이론을 발표했다.

덴마크의 물리학자 닐스 보어는 전자가 원자핵 주위를 돌고 있는 러더퍼드의 원자모델을 발전시켜 양자 역학적 원자모델을 제안했다. 러더퍼드의 원자모델은 고전물리학으로 설명할 수 없는 여러 가지 문제를 가지고 있었다. 그러나 보어의 원자모델은 이런 문제점을 모두 해결했고, 원자가 발산하는 스펙트럼을 설명하여 양자물리 시대를 여는 안내자 역할을 했다.

고전물리학은 원자 크기나 원자보다 작은 크기의 세계에서 일어나는 많은 현상들을 설명할 수 없었다. 루이 드브로이는 빛이 파동과 입자의 특징을 가지고 있고, 물질 역시 그런 성질을 가지고 있다는 '물질의 이중성'을 발견하여 파동역학 분야의 기초를 닦았다. 이처럼 독특한 생각은 상식에 어긋나는 것이었지만, 이로 인해 물리학자들은 고전물리학의 한계를 받아들였고, 나아가 물리학이 보다 발전할 수 있는 전기가 마련되었다.

1940년대 말 당시의 이론들이 빛과 물질의 상호작용을 설명하는 데 실패하고 있을 때 미국의 이론물리학자 리처드 파인만은 물리학의 가장 완전한 이론이라고 평가되고 있는 양자전자기학을 고안했다. 몇 년 후 파인만의 동료였던 뮤레이 겔만은 입자물리학 분야를 새롭게 정리했다. 겔만은 빠른 속도로 발견되고 있던 수백 개가 넘는 새로운 입자들을, 추상적인 수학과 대칭성을 바탕으로 8개씩의 조로 나눌 수 있다는 '8정도 모형'을 제안하여 정리했다.

수천 년 동안 자연철학자들은 자연의 비밀을 알 수 있게 되기를 희망하면서 주위의 세상을 관찰해 왔다. 때때로 자연은 마지못해 비밀의 일부를 과학자들에게 보여 주었고, 어떤 때는 자연에 대한 새로운 정보가 넘쳐흐르기도 했다. 그러나 이 책에 수록된 선구적인 물리학자들은 그들 특유의 근면과 집중력으로 자연법칙에 대한 윤곽을 그려 나갔다. 물리학자들은 언젠가 자연을 지배하는 모든 법칙을 밝히게 되기를 바라면서, 자연이 우리에게 보여 주는 모든 것으로부터 자연을 이해하는 데 필요한 자료를 찾아내고 서로 관계있는 정보들을 결합하여 새로운 사실을 밝혀내고 있다.

차례

66

여러 가지 자연법칙에
대한 아이작 뉴턴의
설명은 과학혁명의
도화선이 되었다

99

Chapter 1

고전물리학계의 큰 스승,

아이작 뉴턴

Sir Isaac Newton
(1642~1727)

중력법칙과 세 가지 운동법칙

모든 만물은 자연법칙을 따른다. 인간이 만든 법칙과는 달리 자연법칙에 어긋나는 일이란 애초에 일어나지 않는다. 자연법칙은 중력과 같은 힘에 의해 운동이 어떻게 일어날 것인지, 그리고 그 결과가 어떻게 될 것인지를 예측할 수 있게 해 준다. 수천 년 동안 인간은 어떤 일이나 움직임에 대한 결과를 예측하려고 노력해 왔고, 그렇게 알아낸 자연법칙을 생활에 이용하기도 했다. 그런데 수학을 이용해 자연법칙을 증명한 과학자는 아이작 뉴턴이 처음이었다. 뉴턴은 사과가 나무에서 떨어지는 것과 우주가 질서 있게 운동하는 것을 하나의 자연법칙을 이용하여 설명해 냈다.

뉴턴의 저서인 《프린키피아》와 《광학》에 설명되어 있는 원리들은 오늘날에도 과학자와 공학자는 물론 운동선수와 예술가들도 이용하고 있다. 뉴턴은 역학법칙을 설명하기 위해 미적분학이라는 새로운 수학 분야를 만들었고, 이밖에도 다양한 분야에서 수학을 이용해 수학 발전에 커다란 공헌을 했다.

뉴턴은 인류 역사상 가장 위대한 과학자라고 칭송받고 있다. 태어난 지 몇 시간 만에 죽을 것만 같았던 아이가 과학의 혁명을 이룩하고 세계를 변화시킬 것이라고 어느 누가 생각이나 했겠는가?

평범하게만 보이던 어린시절

아이작 뉴턴은 1642년 12월 25일 영국 링컨셔 주에 있는 울즈소프 장원에서 미숙아로 태어났다. 아버지 아이작 뉴턴이 세상을 떠나고 석 달 뒤의 일이었다. 그로부터 3년 후, 뉴턴의 어머니 한나 에이스코는 나이 많은 목사 바나바 스미스와 재혼해 어린 아들을 외가에 남겨 두고 바나바 스미스가 살고 있는 이웃 마을로 떠나버렸다. 소년기의 뉴턴이 우울한 성격이었다는 기록이 전해지는 것으로 보아 외할머니와 보냈던 어린 시절이 그다지 행복하지 않았음을 짐작할 수 있다.

뉴턴은 이웃 마을의 학교에 다니면서 읽고 쓰는 것을 배웠다. 학교에 다니는 동안 그는 해시계, 풍차, 연 등 기계장치의 모형을 만들며 시간을 보냈다. 열 살이 되었을 때 의붓아버지 바나바 스미스가 죽자 어머니는 이복동생인 메리, 벤저민, 한나를 데리고 다시 울즈소프 장원으로 돌아왔다.

열두 살 때 뉴턴은 킹즈 초등학교에 다니기 위해 울즈소프 장원에서 11.3킬로미터 떨어져 있는 그랜담의 약사, 클라크의 집에서 하숙을 하게 된다. 뉴턴은 클라크의 약국에서 일하면서 화학의 기초를 익혔다.

뉴턴은 공부를 잘하는 편이었지만 처음부터 그의 천재성이 드러난 것은 아니었다. 지는 것을 몹시 싫어했던 뉴턴은 동급생인 아서 스토러와 싸운 후 아서를 이긴 것에 만족하지 않고 공부에서도 그를 이기기 위해 노력하며 좋은 성적을 받게 되었다. 재미있는 사실은, 어른이 된 후에도 뉴턴은 아서와 편지를 주고받으며 **천문학**에 대해 의견을 나누었다는 것이다.

> **천문학** 천체들의 운동, 위치, 조성, 그리고 분포 등을 연구하는 학문

뉴턴의 천재성이 눈에 띄게 드러나지는 않았지만 킹즈 초등학교의 교장 선생은 뉴턴이 아버지로부터 물려받은 농장을 경영하는 것보다는 훨씬 훌륭한 일을 할 수 있는 능력을 가졌다는 사실을 진즉에 알아차렸다.

열여섯 살이 되었을 때, 뉴턴의 어머니는 그에게 학교를 그만두고 아버지가 남긴 농장을 돌보도록 했다. 하지만 농장 일은 그의 적성에 맞지 않았다. 때문에 농장에 필요한 물건을 사러 시장에 가는 대신 숨어서 하루 종일 책을 읽었고, 가축들을 돌보는 대신 나무 밑에 앉아서 허공을 응시하며 명상에 잠기고는 했다. 집안의 일꾼들은 뉴턴이 게으르고 바보 같다고 생각했다. 하지만 뉴턴의 외삼촌과 교장 선생은 뉴턴의 잠재력을 알았기 때문에 뉴턴이 다시 학교로 돌아가 대학에 진학할 준비를 할 수 있도록 그의 어머니를 설득했다. 뉴턴

의 외삼촌과 킹즈 초등학교의 교장 선생의 설득이 효과를 보았던지, 아니면 게을러 보이는 뉴턴이 농장에서 일하는 것을 어머니가 탐탁지 않아 했는지 모르지만 뉴턴은 다시 학교로 돌아갔다. 그리고 1년 후 케임브리지 대학의 **트리니티 칼리지**에 입학했다.

케임브리지 대학

뉴턴은 대학에 입학한 초기에는 등록금의 일부를 면제받기 위해 다른 학생들과 교수들을 위해 봉사해야 했다. 공부하는 데 필요한 학비를 마련하느라 바쁘게 지내야 했던 까닭에 다른 학생들을 사귈 만한 기회가 거의 없었고, 친구를 사귈 수도 없었다.

뉴턴은 대학에 다닌 4년 동안 대부분의 시간을 책 속에 파묻혀 지냈다. 어느 해 그는 가까운 곳에서 열린 박람회에 가서 아이들이 가지고 노는 삼각 프리즘과, 천문학에 대한 책을 포함하여 재미로 읽을 몇 권의 책을 샀다. 또 이 천문학에 대한 책을 이해하기 위해 유클리드 **기하학**에 관한 책도 샀다. 하지만 이때 구입한 책들은 천문학을 이해하는 데 별로 도움이 되지 않았다. 그래서 그는 프랑스의 저명한 철학자 르네 데카르트의 최근 저서인 《**데카르트 기하학**》을 구입해 어려운 내용에도 포기

트리니티 칼리지 케임브리지 대학에는 트리니티 칼리지를 비롯한 여러 개의 칼리지가 있었는데 이것은 우리나라 대학교 안에 단과 대학과 비슷하다.

기하학 직선, 삼각형, 원 등의 성질을 연구하고 증명하는 학문

데카르트 기하학 좌표를 이용하여 도형의 성질을 연구하는 기하학

하지 않고 혼자 힘으로 끝까지 읽어 나갔다.

　데카르트 기하학에 관한 책과 씨름하는 동안 평소에 하던 공부에 소홀해지면서 교수들에게 좋지 않은 인상을 주었다. 전해 오는 이야기에 의하면 그는 가장 중요한 과목이었던 유클리드 기하학 시험에서마저 낙제했다고 한다. 하지만 뉴턴은 데카르트 기하학을 독학하는 동안 두 개의 항을 가지는 이항식을 몇 번이고 곱하는 문제, 즉 $(a+b)^n$의 답을 쉽게 구할 수 있는 **이항정리**를 알아냈다. 뉴턴의 발견은 교수들의 주목을 끌어냈고, 이 일을 계기로 수학 교수인 아이작 배로우 박사와 친분을 맺게 되었다.

이항정리　두 항을 가진 식을 여러 번 제곱하는 계산을 빠르게 할 수 있도록 하는 계산 방법 형태의 계산에 이용된다.

　뉴턴은 스물두 살이던 1666년, 트리니티 칼리지에서 학사 학위를 받았다.

기적의 해

　뉴턴이 대학을 졸업하고 대학원에 진학한 직후 흑사병이 런던 전역을 휩쓸었다. 이 무서운 전염병은 런던의 전체 인구 93,000명 중 17,440명을 죽음에 이르게 했다. 대학은 문을 닫을 수밖에 없었고, 뉴턴은 울즈소프 장원으로 몸을 피했다. 아이러니컬하게도 그가 울즈소프 장원에 머물렀던 18개월이 그의 인생에서 가장 활발하게 연구 활동을 한 기간이었다. 후세의 학자들은 이 시기를 이상한 해 또는 '기적의 해'라고 부른다.

울즈소프 장원에 머무는 동안 뉴턴은 **프리즘**을 가지고 빛과 색깔의 관계에 대한 연구를 했다. 프리즘은 빛을 받으면 무지개 색깔을 만들어 내는 재미난 장난감이다. 당시의 과학자들은 순수한 빛이 프리즘의 유리를 통과하면서 탁해지거나 어두워지기 때문에 이러한 현상이 일어난다고 생각했다. 뉴턴은 과학계의 관심을 끌지 못했던 그 현상과 빛의 다른 여러 가지 성질에 대해 호기심을 가지게 되었다.

빛을 연구하기 위해 그는 방을 어둡게 한 뒤 창문을 통해 빛이 조금만 들어오게 하고, 그 빛이 검은 스크린 앞에 놓여 있는 프리즘을 통과하도록 했다. 빛은 예상했던 대로 스크린 위에 무지개 색깔로 펼쳐졌다. 뉴턴은 궁금증을 느꼈다. 프리즘에 도달하는 빛은 가느다란 빛줄기인데, 왜 프리즘을 통과한 후에는 스크린 위에 작은 원 형태로 퍼져서 나타나는 걸까? 계속해서 뉴턴은 첫 번째 프리즘과 스크린 사이에 두 번째 프리즘을 거꾸로 놓고 어떤 결과가 나오는지 살펴보았다. 놀랍게도 무지개가 사라지고 하얀 빛이 스크린 위에 나타났다.

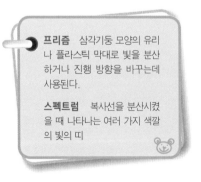

프리즘 삼각기둥 모양의 유리나 플라스틱 막대로 빛을 분산하거나 진행 방향을 바꾸는데 사용된다.

스펙트럼 복사선을 분산시켰을 때 나타나는 여러 가지 색깔의 빛의 띠

뉴턴은 실험을 계속해 **스펙트럼**에 의해 분리된 여러 가지 색깔의 빛을 작은 구멍을 뚫은 판지에 통과시킨 후 두 번째 프리즘에 통과시켜 스크린에 어떤 무늬가 나타나는지 관찰했다. 한 가지 색깔을 가진 빛을 두 번째 프리즘에 통과시켰을 때는

스크린에 원래의 빛과 같은 색깔의 빛만 나타났다. 이런 사실들을 종합하여 여러 가지 색깔의 빛이 합쳐져 하얀 빛을 구성하고 있다고 결론지었다. 다시 말해 색깔이 없는 흰 빛은 모든 색깔의 빛이 합쳐졌을 때 나타난다는 것이다.

이 발견으로 인해 하얀 빛이 순수한 빛이라고 믿어 왔던 오랜 통념이 잘못된 생각이었음을 밝혀냈다. 그리고 이 실험의 결과는 흰 빛 속에 섞여 있던 여러 가지 빛깔이 프리즘을 통과하는 동안 서로 다른 정도로 **굴절**된다는 사실도 보여주었다.

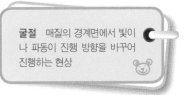

굴절 매질의 경계면에서 빛이나 파동이 진행 방향을 바꾸어 진행하는 현상

뉴턴은 계속된 실험을 통해 빨간색 빛이 가장 적게 휘고, 파란색 빛이 가장 많이 휜다는 사실도 알아냈다. 빛이 프리즘을 통과할 때 나타나는 무지개는 흰색의 빛이 프리즘을 통과하면서 여러 가지 색

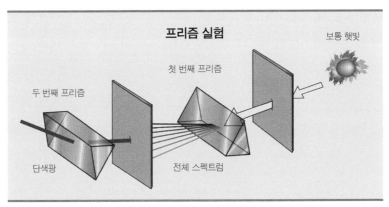

프리즘 실험

보통 햇빛

첫 번째 프리즘

두 번째 프리즘

단색광

전체 스펙트럼

뉴턴은 흰 빛이 모든 색깔의 스펙트럼을 포함하고 있다는 사실을 보여 주었다.

깔의 빛으로 흩어지면서 생긴 결과였던 것이다.

뉴턴은 빛뿐만 아니라 운동의 원리와 수학에도 관심을 가졌다.

물체가 움직일 때는 **가속도**에 따라 **속도**가 계속적으로 변하기 때문에 운동에 관한 방정식(속도가 달라지는 비율)을 풀 수 있는 수학적 방법이 없었다. 그래서 '유율'이라고 하는 새로운 수학의 기초를 만들었다. 오늘날에는 이 수학 분야를 미적분학이라고 부르는데, 이것은 계속 변하는 변수를 가진 문제를 푸는 데 이용된다. 뉴턴은 수학적인 증명을 하기 위해 이 새로운 방법을 자주 사용했다.

가속도 속도가 달라지는 비율
속도 위치가 변하는 비율
궤도 행성이나 위성이 다른 천체를 돌고 있는 곡선, 전자가 원자핵 주위를 돌고 있는 곡선

독일의 천문학자 요하네스 케플러는 행성들이 타원 **궤도**를 따라 태양 주위를 돌고 있다는 사실과, 궤도를 도는 동안 행성의 속도가 바뀐다는 사실, 그리고 궤도를 한 바퀴 도는 데 걸리는 시간이 행성과 태양 사이의 거리와 관련이 있음을 발견했다. 행성의 운동에 관한 케플러의 법칙을 잘 알고 있었던 뉴턴은 더 나아가 무엇이 행성이나 달이 궤도를 벗어나지 않도록 하는지 알기 위해 많은 시간을 보냈다.

보잘것없고 하찮아 보이는 사소한 일이라도 비범한 천재 앞에서는 역사적인 사건으로 탈바꿈할 수 있다. 뉴턴이 생각에 잠긴 채 사과나무 아래에 앉아 있을 때 사과 한 알이 땅으로 떨어진 순간이 바로 그랬다.

뉴턴은 사과가 땅으로 떨어진 지극히 당연한 자연현상을 보고 큰

의문을 품었다. 사과가 왜 아래로 떨어졌을까? 뉴턴의 생각은 점점 더 깊숙한 곳까지 파고들었다.

'지구가 사과를 끌어당긴 것이 아닐까? 모든 물체 사이에는 이렇게 서로 끌어당기는 **힘**이 작용하는 것이 아닐까?'

뉴턴은 '서로 끌어당기는 힘'이 사과와 지구처럼 물체의 **질량**, 물체 사이의 거리에 의해 결정될 것이라는 데에 생각이 이르렀다. 그리고 사과를 땅으로 떨어지게 했던 것과 같은 힘이 달을 지구 쪽으로 끌어당기고 있을 것이라는 것도 생각해 냈다.

다시 의문이 생겼다.

'그렇다면 왜 달은 사과처럼 지구로 떨어지지 않을까?'

만약 달이 정지해 있다면 달도 지구를 향해 떨어질지 모른다. 달이 지구 주위에 그리는 궤도는 달이 지구로부터 멀어지려는 운동과 지구가 끌어당기는 힘 사이의 균형이 만들어 낸 것이다. 투포환 선수가 무거운 쇠공에 줄을 매달아 돌리는 것과 같은 이치다. 쇠공은 멀리 날아가려고 하지만 투포환 선수가 끌어당기는 힘에 의해 일정한 궤도를 그리면서 도는 것이다. 다시 말해 달은 지구로부터 멀어지려는 운동을 하는 동시에 지구의 '끌어당기는 힘'의 작용을 받기 때문에 운동하는 방향만 바꾸는 것이다. 바로 이 '끌어당기는 힘'을 '**중력**'이라고 부른다.

뉴턴은 지구가 달을 당기는 힘과 행성들이 그리는 타원 궤도를 수학적으로 계산

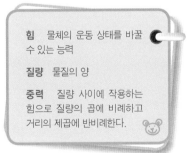

힘 물체의 운동 상태를 바꿀 수 있는 능력

질량 물질의 양

중력 질량 사이에 작용하는 힘으로 질량의 곱에 비례하고 거리의 제곱에 반비례한다.

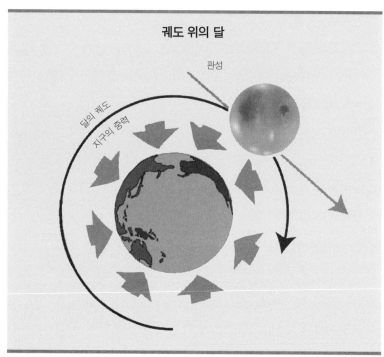

궤도 위의 달

관성

달의 궤도

지구의 중력

지구의 중력은 달이 우주 공간으로 날아가 버리지 않고 행성 궤도를 돌도록 잡아당기고 있다.

하려고 했다. 하지만 지구의 반지름을 정확하게 알 수가 없었다. 또한 중력의 크기를 계산할 때 지구 표면에서부터 거리를 잡아야 할지, 지구 중심에서부터 거리를 잡아야 할지도 알 수가 없었다. 이 때문에 뉴턴은 중력에 관한 자신의 생각을 완전하게 증명할 수는 없었다. 그는 낙담하여 이 문제를 잠시 접어 두었지만 결코 포기한 것은 아니었다.

런던을 휩쓸던 흑사병을 피해 울즈소프 장원에 돌아온 18개월 뒤

에 런던에 큰 화재가 발생했다. 공교
롭게도 이 화재로 인해 흑사병을 퍼
뜨리던 쥐들이 대부분 죽었다. 덕분
에 케임브리지 대학은 다시 문을 열
수 있었다.

스물다섯 살이 된 뉴턴은 런던으로
돌아가서 다시 공부를 시작해 1668
년 석사 학위를 받은 뒤 연구원이 되
었다. 뉴턴은 연구원 생활이 마음에
들었다. 독립적으로 공부할 수 있는
충분한 시간을 가질 수 있었고, 대학
에서 생활하는 것도 무척 좋았다.

뉴턴의 반사 망원경은 빛을 모으고 반사시키기
위해 거울을 사용하고 있다.

2년 후, 아이작 배로우 교수는 트
리니티 칼리지의 교수직을 사임하면서 후임으로 뉴턴을 추천했다.
스물아홉 살의 나이에 케임브리지 대학 트
리니티 칼리지의 수학 교수가 된 뉴턴은 **광
학**에 대한 연구를 계속했다.

광학 빛과 시각을 연구하는
학문 분야

당시의 반사 망원경은 색수차라는 공통
적인 문제점을 가지고 있었다. 색수차란 상을 관찰할 때 상 주위에
색깔 고리가 생겨 상이 흐려지는 현상을 말한다. 뉴턴은 망원경에
서 두 번째 볼록렌즈를 거울로 바꾸어 초점이 접안렌즈에 맞도록 하
여 색수차를 줄였다. 그리고 접안렌즈를 망원경의 끝에 놓지 않고

망원경 옆에 배치함으로써 더욱 편하게 사용할 수 있도록 했다. 뉴턴은 이 반사 망원경을 배로우 교수에게 보여 주었다. 배로우 교수는 1671년에 그 망원경을 당대 최고 학자들의 모임인 런던 왕립학회에 가져가 학회의 임원들에게 공개했다. 학회 임원들은 뉴턴의 망원경에 깊은 인상을 받아 다음 해에 뉴턴을 학회 회원으로 받아들였다. 현대의 천문학자들은 천체 관측을 할 때 아직도 뉴턴이 만든 반사 망원경을 사용하고 있다.

자신의 과학적 발견에 관심을 가지는 사람들이 생겨나자 뉴턴은 왕립학회에서 반사 망원경을 발명하는 동기가 되었던 빛에 관한 실험에 대해 설명했다. 당시 왕립학회의 실험 관리자는 로버트 훅이었다. 훅 역시 뉴턴이 했던 것과 비슷한 방법으로 빛에 관한 실험을 했지만 뉴턴의 실험보다 부정확했고 설명 또한 부족했다.

런던 과학계에서 꽤 영향력이 있었던 훅과 이제 겨우 학계에 얼굴을 내민 뉴턴은 격렬하게 논쟁을 벌였다. 그 후 뉴턴과 훅은 평생 동안 냉담한 상태로 지냈다.

뉴턴은 자신의 연구 결론이 옳음을 일일이 증명해야 한다는 사실에 화가 났다. 좀처럼 다른 과학자의 비판을 견뎌 내지 못한 그는 결국 자신이 발견한 내용을 다시는 발표하지 않겠다고 다짐하기에 이르렀다.

훅은 용수철의 성질을 이용하여 용수철이 장치된 시계인 크로노미터를 발명했다. 이것은 이전의 진자를 이용한 시계보다 더 정확했다. 하지만 훅이 이 발명품을 지원해 줄 투자가를 찾지 못하는 사이,

네덜란드의 물리학자이자 천문학자인 크리스천 호이겐스가 이 발명품을 개조하여 특허를 냈다. 훅의 발명으로부터 10년이 지난 뒤에 호이겐스가 발표한 이 발명품의 우선권 논쟁은 아직까지도 해결되지 않고 남아 있다.

숨겨진 증명

뉴턴은 사람들과의 교류를 멀리하고 연구에만 몰두하는 생활을 계속해 나갔다. 케임브리지 대학의 교수였던 뉴턴은 매주 강의를 해야 했지만, 인기 있는 교수가 아니었고 학생들도 수업에 잘 참석하지 않았다.

뉴턴은 혼자서 **연금술**을 공부하면서 대부분의 시간을 보냈다. 연금술은 값싼 금속을 금과 같이 비싼 금속으로 바꾸거나, 생명을 연장해 줄 마법의 영약을 만드는

> **연금술** 보통의 금속을 금으로 바꾸는 방법을 연구하는 것으로 화학으로 발전했다.

것과 관련된 마법 같은 학문이었다. 따라서 화학의 초기 형태를 갖추고 있었지만 당시에는 마술로 간주되었다. 뉴턴이 연금술에 관심을 가진 이유는 아마도 물질과 생명의 본질에 대한 관심 때문이었을 것이다. 뉴턴은 이러한 비밀스러운 연구를 하고 있다는 사실이 사람들에게 알려지는 것을 원하지 않았다. 다행히 다른 사람들과 일하는 것을 싫어하고 혼자 지내기를 좋아했기 때문에 그러한 일은 별 문제가 되지 않았다.

뉴턴은 왕립학회의 회원이었기 때문에 회원들의 활동을 점검하는 학회 간사였던 훅과 주기적으로 소식을 주고받아야 했다. 뉴턴은 훅과 편지를 주고받는 동안 예전에 자신이 계산해 내고자 했던 행성들의 타원 궤도에 대한 기억을 떠올렸다. 그는 이제 지구의 반지름 값을 정확하게 알고 있었기 때문에 중력의 문제를 성공적으로 증명할 수 있었다. 이 성과가 얼마나 중요한 것인지 잘 알고 있었던 뉴턴은 너무 흥분한 나머지 떨리는 손을 주체하지 못 해 자신의 조교에게 계산의 결과를 쓰도록 시켰다고 전해진다. 하지만 수년 전 훅이 많은 사람들 앞에서 자신을 비난했던 일을 떠올린 뉴턴은 다른 사람에게 이 위대한 성과를 소개하는 대신 서랍 속에 넣어 두기로 했다.

그로부터 몇 년 뒤인 1684년에 뉴턴이 자신의 실험실에 틀어박혀 연구에 몰두하고 있는 동안 왕립학회의 다른 회원인 훅, 크리스토퍼 렌, 에드먼드 핼리는 커피를 마시며 행성의 타원 궤도에 대해 이야기하고 있었다. 그들은 행성이 궤도를 따라 태양 주위를 움직이게 하는 힘에도 역제곱의 법칙이 적용된다는 사실을 알아냈다. 역제곱의 법칙이란 어떤 물리량 A가 증가하면, 또 다른 물리량 B는 그에 반비례하여 감소한다는 법칙이다. 소리가 나는 스피커에서 5배의 거리가 멀어지면, 소리의 크기는 25의 1만큼 줄어든다는 사실을 예로 들 수 있다. 이와 같은 현상이 적용되었을 때, 행성이 태양으로부터 2배 더 멀어진다면 행성이 궤도 내에 있기 위해서는 4분의 1에 해당하는 힘만 요구된다고 볼 수 있다.

하지만 매우 뛰어난 과학자였던 이들도 행성이 왜 타원 형태로 궤도를 그리는지 밝혀내는 데는 실패했다. 이 문제에 대해서 아무런 성과도 거두지 못한 채 뉴턴을 찾아간 핼리는 뉴턴에게 엄청난 이야기를 들었다. 뉴턴은 이미 15년 전에 그 문제를 해결했다고 말한 것이다. 핼리는 커다란 충격을 받았다. 뉴턴이 해낸 증명은 엄청난 업적이었음에도 비밀로 해 왔다는 사실을 핼리는 도저히 믿을 수가 없었다. 놀라운 일은 거기서 그치지 않았다. 뉴턴은 그토록 중요한 증명 과정을 적어 둔 논문을 어디에 두었는지 제대로 기억하지 못했던 것이다.

몇 달 후, 뉴턴은 증명 과정을 다시 써서 핼리에게 보냈다. 그리고 1686년 뉴턴은 아홉 페이지나 되는 자신의 증명을 보완하여 우주의 작용을 수학으로 설명한 가장 유명한 연구 결과를 발표했다.

놀라운 《프린키피아》

이 책의 원제목은 《자연철학의 수학적 원리》이지만 보통 라틴 제목의 약어인 《프린키피아》로 불린다. 모두 3권으로 되어 있는 이 책은 왕립학회의 자금이 모자라 세상의 빛을 보지 못할 위험에 처하기도 했다. 이 책이 출판된 데에는 재정적으로 지원해 준 에드먼드 핼리의 도움이 있었다.

책이 출판되자 훅은 뉴턴이 자신의 아이디어를 훔쳤다며 다시 한번 비난을 퍼부었다. 뉴턴도 지지 않고 응수했다. 그들의 다툼은 핼리의 중재로 일단 가라앉았다.

《프린키피아》제1권에는 오늘날 운동의 세 가지 법칙(운동의 3법칙)이라고 불리는 내용이 담겨 있다.

제1법칙은 이탈리아의 천문학자 갈릴레오 갈릴레이가 최초로 설명한 '관성'에 관한 것이다. 이 법칙에 의하면, 외부에서 힘이 작용하지 않는 한 움직이는 물체는 일정한 속도로 계속 직선 운동을 하고, 멈추어 있는 물체는 계속 멈추어 있다. 그러나 지구 위에서 일어나는 대부분의 움직임은 공기 저항과 **마찰력**의 영향을 받는다. 따라서 공을 찬다고 해도 결국 공은 멈추게 된다. 공이 멈춘 이유는 계속 움직이려는 힘이 저절로 사라진 것이 아니라 운동을 방해하는 마찰력이나 저항력이 작용했기 때문이다.

> **관성** 외부에서 힘이 작용하지 않는 한 정지해 있던 물체는 계속 정지해 있고 일정한 속도로 달리던 물체는 계속 달리는 성질
>
> **마찰력** 접촉하는 면 사이에 작용하여 운동을 방해하는 힘

제2법칙은, 힘은 질량과 가속도를 곱한 값이라는 내용이다. 이 법칙은 왜 테니스공보다 볼링공을 던지기가 힘든지 설명해 준다.

제3법칙은 모든 힘에는 작용과 반작용이 있다는 내용이다. 첫 번째 물체가 두 번째 물체에게 힘을 가하면 두 번째 물체는 첫 번째 물체에게 같은 크기의 힘을 반대 방향으로 가한다. 예를 들면, 어떤 사람이 위로 점프하기 위해 땅을 밀어낼 때, 발이 땅에 가하는 힘의 크기와 땅이 발에 가하는 힘의 크기가 같다는 것이다.

뉴턴은 이 법칙들을 이용하여 지구와 달 사이의 중력을 계산했고, 이러한 계산이 거리의 제곱에 반비례하는 법칙을 따른다는 사실을 증명했다. 지구와 달 사이에 작용하는 중력은 두 질량의 곱(지

구의 질량×달의 질량)에 비례하고, 지구와 달의 중심 사이의 거리 제곱에 반비례한다. 이전에 사람들은 지구와 우주가 서로 다른 자연의 법칙을 따르고 있다고 생각했다. 놀랍게도 뉴턴은 중력에 관한 예측이 모든 우주에 적용될 수 있다는 사실을 밝혀냈다. 그래서 케플러의 행성 운동에 관한 법칙을 수학적으로 증명하고, 행성이 태양 주위를 돌 때 타원 궤도를 그리는 이유도 설명할 수 있었다.

《프린키피아》의 두 번째 책에서 뉴턴은 행성의 운동에 대한 데카르트의 설명을 반박했다. 데카르트는, 우주에는 행성과 별들을 소용돌이 모양으로 돌게 하는 유동체가 가득 차 있다고 주장했다. 많은 사람들이 데카르트의 설명을 받아들이고 있었지만 뉴턴은 이러한 생각이 옳지 않다는 사실을 수학적으로 증명해 보였다.

《프린키피아》의 세 번째이자 마지막 책이 출판되기 직전, 훅은 거리 제곱에 반비례하는 중력을 발견한 것에 대해 자신의 공헌도 인정받아야 한다고 주장했다. 뉴턴은 크게 화를 냈고 《프린키피아》의 출판을 맡았던 핼리는 이 일로 인해 3권이 출판되지 않을까 봐 걱정했다. 3권이 출판되지 않으면 이미 출판된 두 권의 판매뿐만 아니라 뉴턴의 놀라운 업적이 세상에 알려지지 않을 수 있기 때문이었다. 다행히도 핼리는 뉴턴과 훅 사이의 뜨거운 논쟁을 다시 한 번 중재할 수 있었다.

세 번째 책에는 달, 행성, 혜성과 같은 천체의 운동에 관한 뉴턴의 새로운 설명들이 실려 있다. 그중에는 뉴턴 자신이 만든 운동의 법칙과 만유인력의 법칙을 이용하여 전혀 새롭게 예측한 내용들도 포함되어 있었다. 중력이 지구를 완전한 구의 형태를 띠게 하지만 자전축을 중심으로 돌기 때문에 적도에 불룩한 부분이 생길 것이라고 예측한 것은 좋은 예이다. 그는 이 불룩한 부분의 크기도 계산해 냈다. 뉴턴이 예측한 값은 실제의 값과 단지 1퍼센트 이내의 오차만 있다는 사실이 나중에 증명되었다.

뉴턴은 혜성도 행성처럼 타원 모양의 궤도를 돌지만 행성의 궤도보다는 더 긴 모양으로 돌 것이라는 사실도 예측했다. 에드먼드 핼리는 뉴턴이 발견한 법칙으로 혜성의 운동을 예측할 수 있다는 사실에 흥미를 보였다. 나중에 하나의 혜성을 발견한 핼리는 뉴턴의 법칙과 방법을 적용해 그 혜성이 78년마다 돌아올 것이라고 예측했다. 실제로 이 혜성은 76년마다 돌아온다는 사실이 증명되어 '핼리혜성'이라고 부르게 되었다.

학회 외의 활동

인생의 후반기에 뉴턴은 대학 내의 여러 가지 문제와 정치적인 일에 관여하기 시작했다. 1689년 뉴턴은 국회의 의원으로 선출되었다. 당시는 제임스 2세가 프랑스로 망명하고 네덜란드의 윌리엄 왕자가 왕위를 계승한 '명예혁명'이 일어난 직후였다. 그 해에 뉴턴은 시민들에게 더 많은 권한을 주는 권리장전을 지지하고 종교적 자유를 허락하는 관용령의 발표를 위해 영국의 왕과 왕비로 윌리엄과 메리를 지지했다.

1693년 아이작 뉴턴은 정신 장애를 겪었다. 그는 친구들에게, 그들이 자신에 대한 음모를 꾸미고 이상한 협박을 한다고 비난하는 내용의 편지를 보냈다. 이런 일은 아마도 과로 때문에 일어났을 것이다. 뉴턴을 잘 아는 사람들은, 그가 과학 연구를 하는 동안에는 종종 먹지도 않고 자지도 않았다고 전한다. 어쩌면 그의 적대적인 성격과, 자신이 발견한 업적의 우선권을 놓고 벌인 논쟁에서 온 스트레스가 그를 지치게 했는지도 모른다. 또 최근에는 그가 연금술 실험을 하면서 수은에 중독되었을지도 모른다는 가능성이 제시되기도 한다.

1696년쯤 완전히 건강을 회복한 뉴턴은 영국 조폐국에서 화폐 생산을 관리하는 행정관 지위를 제의받았다. 이 직책은 일종의 포상으로 주어진 명예직이었지만 그는 필요 이상으로 그 일에 열성을 다했다.

당시 영국의 동전은 위기를 맞고 있었다. 동전의 가치가 동전을 만드는 원가보다 떨어져 있었던 것이다. 사람들은 유통되고 있던 동전을 자르거나 녹여서 다른 용도로 사용했다. 또한 동전의 문양이 복제하기 쉬웠기 때문에 위조도 빈번하게 일어났다.

뉴턴의 책임하에 이전의 동전들은 모조리 수거되었고, 위조하기 힘든 복잡한 디자인에 값싼 합금으로 만들어진 새로운 동전으로 대체되었다. 1700년에 뉴턴은 조폐국장에 임명되었고, 1701년 케임브리지 교수직에서 물러났다.

그즈음 뉴턴은 민트에 있던 조폐국장 사택을 떠났다. 안주인 역할을 했던 자신의 조카 캐서린 바튼과 함께 살기 위해 자신의 집으로 이사했기 때문이었다. 그는 훅과 마주치는 것을 싫어했기 때문에 왕립학회에는 가끔씩만 참석할 뿐이었다.

1703년, 훅이 죽자 뉴턴은 왕립학회 회장으로 선출되었고 죽을 때가지 그 자리를 지켰다. 뉴턴이 회장으로 있는 동안 학회는 재정적인 안정을 찾았고 젊은 과학자들에 대한 지원을 아끼지 않았다.

조폐국이 아무런 문제 없이 잘 돌아가고 뉴턴의 최대의 적이었던 훅 또한 세상을 떠났기 때문에 뉴턴은 평안 속에서 자신의 또 다른 걸작인 《광학》을 쓰기 시작했다. 빛과 색깔에 대해 행했던 실험을 설명하고 있는 이 책은 빛에 대한 연구를 다루는 **분광학** 분야의 바탕이 되었다. 또한 뉴턴은 《프린키피아》의 개정판을 쓰기 시

분광학 스펙트럼을 연구하는 학문

작했다. 이 책을 쓰면서 그는 가장 최신의 천문학 자료를 얻기 위해 런던 천문대장이었던 존 플램스티드에게 연락했다. 하지만 자료를 필요로 하는 이유를 제대로 설명하지 않았기 때문에 플램스티드는 자신이 가진 정보를 뉴턴에게 알려 주는 것을 꺼려했다. 플램스티드가 건네준 자료 가운데에는 옳지 않은 값들이 기재된 것도 있어서 뉴턴은 계산을 다시 해야 해 몹시 짜증내기도 했다고 한다.

뉴턴의 적은 훅과 플램스티드뿐만이 아니었다. 뉴턴은 도일의 고트프리드 빌헬름 라이프니츠와 누가 먼저 미적분을 발견했는지를 놓고 격렬한 논쟁을 벌였다. 사실 라이프니츠가 뉴턴보다 먼저 결과를 발표하기는 했지만, 민유인력 이론을 공식화하는 과정에서 뉴턴

이 먼저 미적분을 알아냈던 것이다. 왕립학회 회장이라는 높은 지위와 세계적 명성을 누리고 있던 뉴턴에게 라이프니츠는 적수가 되지 못했으며 결국 뉴턴이 미적분을 발견한 것으로 인정받았다(후세의 학자들은 뉴턴과 라이프니츠가 각각 독립적으로 미적분법을 발견한 것으로 결론지었다).

뉴턴의 죽음

1705년, 앤 여왕은 뉴턴에게 기사 작위를 수여했다. 과학자로서 그와 같은 명예를 누린 이는 뉴턴이 처음이었다.

1725년부터 뉴턴의 건강은 급속도로 악화되기 시작했다. 뉴턴은 기침이 가라앉기를 바라며 런던 외곽에 있는 켄싱턴으로 집을 옮겼다. 그리고 1727년 3월 20일에 84세의 일기로 생을 마감했다. 그의 시신은 웨스트민스터 사원에 안치되었다.

뉴턴이 매우 비범하기는 했지만 모든 것에 대해 항상 옳았던 것은 아니다. 예를 들어, 뉴턴이 1717년 에테르의 존재를 증명하기 위해 했던 실험은 성공적이어서 이후 사람들은 우주가 에테르라는 불가사의한 물질로 가득 차 있다고 오랫동안 믿어 왔다. 하지만 1887년, 앨버트 마이컬슨과 에드워드 몰리는 에테르라는 물질이 존재하지 않는다는 사실을 증명해 보였다.

반면에 후대의 과학자에 의해 뉴턴의 과학적 예측이 다시 한 번

입증된 사례도 적지 않다. 일례로 로버트 훅을 포함한 많은 과학자들은 빛이 파동이라고 믿었지만, 뉴턴은 빛이 광원에서 아주 작은 크기의 미립자로 이루어져 있다고 생각했다. 그런데 20세기의 이론 물리학자 알베르트 아인슈타인은 빛이 **광자**라는 입자로 구성되어 있다고 설명했고, 아인슈타인이 설명한 광자와 뉴턴의 미립

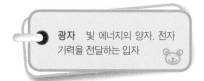

광자 빛 에너지의 양자. 전자 기력을 전달하는 입자

자가 많은 부분에서 공통적인 성질을 가지고 있다는 사실이 증명되기도 했다.

뉴턴의 업적을 기리는 기념비에는 '인간들은 인류를 위해 위대한 빛이 존재했었다는 것을 기뻐할지어다'라고 새겨져 있다.

자연의 비밀을 푸는 데 성공한 과학자는 그리 많지 않다. 뉴턴은 자신에게 주어진 의문과 궁금증을 놀라울 정도로 잘 해결했을 뿐만 아니라 계산이나 자료를 정리하는 데 있어 매우 꼼꼼하고 신중했으며, 자신이 발견한 많은 것들이 얼마나 큰 중요성을 가지고 있는지도 잘 알고 있었다.

뉴턴의 초기 작업을 이해할 수 있는 사람은 많지 않다. 하지만 그가 과학의 발전에 끼친 영향이 대단하다는 사실은 누구나 인정한다. 그의 연구는 과학 혁명의 절정을 이루었다.

뉴턴 이전의 과학자들은 수천 년 전에 그리스 철학자들이 추측하고 가정한 이론과 법칙들에 전적으로 의존했다. 뉴턴 이후, 과학자들은 수천 년 동안 이어져 온 과학의 고정관념에 의심을 품기 시작했다. 그리고 뉴턴 이후의 과학자들은 스스로 관찰한 것만 인정하기

시작했고, 결론을 내리기 전에 몇 번이고 가설을 시험하게 되었다.

뉴턴은 수천 년 동안 인류가 이유도 모른 채 감탄해 온 우주의 질서를 수학적인 언어로 매우 구체적이고 논리정연하게 설명했다. 그는 자신이 살던 동시대에는 친구를 많이 두지 못했지만 후대의 모든 사람들로부터 존경과 경외를 받았다. 그가 이룬 업적은 오늘날의 과학에도 여전히 유용하며, 후대의 과학자들에게 큰 영감을 주고 있다.

로버트 훅

로버트 훅$^{Robert\ Hooke}$(1635~1703)은 물리학, 천문학, 미생물학 등 당시에 새롭게 발전하던 여러 과학 분야에 공헌을 한 17세기의 저명한 영국 과학자다. 그러나 그가 이룬 업적의 대부분은 공교롭게도 다른 과학자들의 연구와 겹쳐 있었다. 따라서 훅과 과학자들과 관계는 적대적일 수밖에 없었다.

훅은 옥스퍼드 대학에 다니는 동안 영국의 물리학자이자 화학자인 로버트 보일의 실험실에서 조수로 일했다. 그는 기계 쪽에 관심이 많아서 보일이 '기체 법칙'을 이끌어 낸 유명한 연구를 할 때 사용한 공기 펌프를 개선하기도 했다. 보일이 발견한 '기체 법칙'은 일정한 온도에서 기체의 압력과 부피는 서로 반비례한다는 현상을 설명한 것이다.

또한 현미경 전문가로, 1665년에 현미경으로 관찰한 곤충, 깃털, 화석 등의 견본을 정교하게 그린 수백 개의 스케치를 담아《마이크로그래피아^{Micrographia}》라는 책을 출간했다. 미생물을 발견한 네덜란드의 과학자 안토니 반 레벤후크는 어쩌면 이 책에 실린 그림들을 보고 무척 고무되었을 지도 모른이다. 아주 작은 미생물을 발견했다는 놀라운 내용이 담긴 레벤후크의 편지가 런던의 왕립학회에 도착했을 때, 훅은 실험을 통해 그 작은 생물의 존재를 확인했다. 그리고 얇게 썬 코르크에, 수도원에 있는 작은 방을 연상시키는 직사각형 모양의 구멍이 있다는 사실을 발견해 냈다. 훅이 이것을 발견한 이래로 세포는 생명체의 기본 단위로 여겨지고 있다.

파동 매질의 흔들림을 통해 한 지점에서 다른 지점으로 에너지를 전달하는 것

1672년 뉴턴이 빛이 **파동**의 형태로 전파된다는 논문을 발표했을 때, 훅은 뉴턴이 자신의 아이디

어를 훔쳤다고 비난했다. 이 일로 두 사람은 수십 년 동안 불편하게 지냈다. 두 사람이 서로에 대해 가지고 있던 경멸감은 뉴턴이 1686년 만유인력의 법칙을 발표함으로써 더욱 심해졌다. 훅은 태양과 지구 간 중력이 거리의 제곱에 반비례해서 달라진다는 사실을 알아낸 것은 자신의 공적으로 인정받아야 한다고 주장했다. 사실 훅도 그런 생각을 가지고 있기는 했지만, 그의 이론은 불완전했을 뿐만 아니라 뉴턴처럼 이론을 수학적으로 증명하지도 못했다.

훅은 비행과 공기의 변형에 관심을 가졌으며 '훅의 법칙'으로 알려진 물체가 변형된 뒤 다시 원래의 형태로 돌아가려는 성질인 탄성에 관해 연구했다. '훅의 법칙'은 용수철처럼 탄력성 있는 물체가 다시 원상태로 회복하려는 힘은 그것이 늘어난 길이에 비례한다는 내용이다. 고무줄이 늘어나면 늘어날수록 줄을 놓았을 때 원래의 길이로 되돌아가는 힘은 더욱 커진다.

1642	12월 25일 링컨셔의 울즈소프 장원에서 출생
1661	케임브리지 대학의 트리티니 칼리지에 입학
1665	런던에 전염병이 돌아 울즈소프 장원으로 돌아옴
1665~66	이상한 해 또는 '기적의 해'; 활발한 연구활동을 펼침
1667	트리티니 칼리지의 연구원이 됨
1668	케임브리지 대학에서 석사 학위 수여
1669	트리티니 칼리지의 수학 교수로 임명됨
1672	《빛과 색깔의 새로운 이론》 출판
1684	다시 중력에 관해 연구 시작
1687	《운동의 3법칙》,《중력의 법칙》,《행성의 운동을 다룬 자연철학의 수학적 원리》(라틴 약어로 《프린키피아》) 출판

전기 산업은
마이클 패러데이가 발견한
원리 위에 건설되었다.

Chapter 2

산업혁명의 불을 댕긴 과학자,

마이클 패러데이

Michael Faraday
(1546-1601)

전자기 유도 법칙

'전기는 도대체 어떻게 만들어지고, 어떻게 집까지 들어오는 것일까? 전기는 어떻게 해서 그토록 수많은 일을 할 수 있는 걸까?'

대부분의 사람들은 어떤 과학 원리에 의해 전기 에너지가 헤어드라이어의 팬을 돌리는 회전 에너지로 바뀌는지 생각하느라 밤을 새우지는 않는다. 뿐만 아니라 전기가 없는 숲 속으로 캠핑을 가 보기 전에는 현대 전기 산업이 가져다준 편리한 생활에 대해 별다른 생각을 해 보지도 않을 것이다.

전기 산업의 발전에는 세 가지 발명품이 큰 역할을 했다. 현대 산업사회에서 없어서는 안 될 전동기, 발전기, 변압기로, 이 세 가지는 놀랍게도 마이클 패러데이라는 과학자에 의해 만들어졌다. 패러데이는 이런 발명을 통해 우리 생활을 편리하게 만들었을 뿐만 아니라 화학과 물리학의 발전에도 큰 업적을 남겼다.

유복하지 못한 집안에서 태어난 평범한 사람이었지만 창의적인 능력과 배움에 대한 열정이 패러데이를 런던의 빈민가에서 유럽의 가장 존경받는 지식사회로 이끌었다. 그리고 그의 연구는 영국의 공장과 일반 가정에 큰 변화를 가져온 산업혁명의 출발점이 되었다.

가난한 어린 시절

스무 살의 청년 마이클 패러데이는 강연을 들을 수 있는 네 장의 티켓을 몇 번이고 들여다보았다. 그동안 틈틈이 독학으로 공부해 왔지만, 아는 것이 많아질수록 지식에 대한 갈증은 점점 더 강해졌다. 그런 그에게 이제 '첫 번째 수업'을 들을 수 있는 기회가 찾아온 것이다. 패러데이는 티켓이 찢어질세라 소중하게 품었다. 가슴이 크게 부풀어 올랐다.

그는 1791년 9월 22일에 패러데이 가문의 세 번째 아이로 태어났다. 아버지 제임스 패러데이는 숙련된 대장장이었지만 관절염을 앓고 있어서 일하지 못하는 때가 많았다. 어머니가 네 번째 아이를 낳은 후 패러데이 가족의 생활은 더욱 어려워졌다. 때로는 일주일을 빵 한 덩어리로 버텨야 할 때도 있었다.

고작 열세 살이었을 때 패러데이는 뉴잉턴 버트의 조지 리바우라는 제본업자 밑에서 심부름 일을 하며 사회에 첫발을 내디뎠다. 당시 그가 살던 지역의 주민들은 신문을 구독할 만한 여유가 없었기 때문에 하나의 신문을 여럿이서 돌려 보았다. 패러데이의 일 중 하나는 신문을 배달하고, 한 사람이 다 읽고 나면 그것을 받아다 다음 사람에게 전달하는 것이었다.

리바우는 패러데이의 성실함을 높게 평가하여 그가 열네 살이 되었을 때 제본 작업의 견습생을 제안했다. 패러데이는 그 후 7년 동안 종이를 묶고 바느질한 후에 가죽 커버로 덮는 방법을 배웠다.

패러데이는 리바우의 가게에서 다른 견습생들과 함께 생활했지만 남다른 점이 많았다. 배우고자 하는 욕망이 컸던 것이다.

우선 그는 자신이 제본한 책을 주머니에 넣고 다니면서 열심히 읽었다. 그런 뒤 내용을 요약해 묶어서 자신만의 특별한 책을 만들었다. 또한 수많은 질문을 던져서 사람들을 질리게 만들기도 했다. 어린 패러데이는 질문에 대한 답을 듣는 것만으로는 만족하지 못하고 새롭게 알게 된 것을 직접 시험해 보고 설명이 맞는지 스스로 확인해야 직성이 풀렸다.

패러데이는 특히 **전기**에 관심이 많아 리바우의 작업장에서 제본한 브리태니커 백과사전 속 전기에 관한 논문을 모두 읽었다. 또한 제인 마르셋이 쓴 화학에 관한 이

> **전기** 마찰, 화학반응, 역학적인 방법으로 만들어낼 수 있는 자연적인 에너지의 한 형태

야기에도 완전히 마음을 빼앗겼다. 패러데이는 리바우의 허락을 얻어, 책을 통해 얻은 지식을 실험해 보기 위해 침실에 작은 실험실을 만들기도 했다. 하지만 혼자서 하는 공부에는 한계가 있었다. 그래서 1810년부터 과학적 지식에 대한 갈증을 해소하기 위해 도시 철

학협회의 회의에 참석하기 시작했다. 철학협회는 일반 시민들이 과학 문제에 대해 토론하기 위해 참여하는 지식인 클럽 같은 모임으로, 때때로 과학자를 초청해 강의를 듣기도 했다.

리바우 제본소의 고객이라면 누구나 패러데이의 열정에 혀를 내둘렀다. 그중 한 사람이 패러데이의 열정에 강한 인상을 받아, 저명한 화학자가 강의하는 네 번의 강연을 들을 수 있는 티켓을 주었다. 1812년의 일로, 화학자의 이름은 험프리 데이비였다.

데이비의 조수

험프리 데이비^{Sir Humphry Davy}는 과학 연구와 교육을 지원하는 단체인 영국왕립과학연구소(RI)의 화학 교수였다. 그는 전기를 이용해 금속에서 **화합물**을 분리해 낼 수 있다는 사실과 아산화질소 기체를 발견하여 학계에 널리 알려져 있었다. 또한 유능하고 재미있는 강사로, 패러데이는 강의 내용을 필기한 후 다시 깨끗한 종이에 옮겨 쓴 뒤 설명을 붙여 책으로 만들 정도로 그의 강연에 푹 빠져 들었다.

화합물 두 가지 이상의 원소가 결합하여 이루어진 물질.
▶혼합물: 두 종류 이상의 물질들이 화학적 반응을 일으키지 않은 상태로 단순히 섞여 있는 물질을 말한다.

그 무렵 패러데이의 견습 기간이 거의 끝나 가고 있었지만 아직 일자리를 구하지 못해 걱정이 많았다. 그는 그동안 제본하는 일을 배워왔지만, 제본보다는 과학에 더 관심이 많았다. 사실 패러데이에게 제본 일은 무척 지루하고 재미없는 일이었다. 또 제본 일을 해서 성공한다고 해도 패러데이가 도착할 종착역은 사업가가 되는 길뿐이었다. 하지만 깊은 신앙심을 가진 경건한 청년이었던 패러데이는 사업은 옳지 않다고 여겼다. 성경의 모든 내용을 사실로 믿었던 그는 물질적인 부를 축적하는 것이 부정한 일이라는 교회의 가르침을 그대로 받아들였고, 소박함과 평화, 겸손함을 최고의 덕목으로 삼았다. 그런 그에게 과학자는 교회가 추구하는 인간의 이상과 가장 유사한 사람들이었다.

그때 패러데이의 일생을 바꾼 운명적인 사건이 일어났다. 1812년, 험프리 데이비가 실험 도중 폭발 사고를 당해 일시적으로 시력을 잃은 것이었다. 패러데이가 데이비의 열성적인 팬이라는 사실을 알고 있던 사람들은 그에게 이번 기회에 데이비의 조수로 일하는 것이 어떻겠느냐고 제안했다. 패러데이는 곧 데이비에게 자신을 조수로 써 달라는 편지와 함께 데이비의 강연을 정리해서 묶은, 400여 페이지에 달하는 책을 보냈다. 편지와 책을 받은 데이비는 깊은 인상을 받았지만 패러데이를 조수로 둘 만한 자리가 없었다. 패러데이는 크게 낙담했다.

하지만 그로부터 몇 달 뒤 영국왕립과학연구소의 실험 조수가 동료와 다투고 해고되는 일이 일어났다. 베이비는 패러데이를 그 자리에 추천했다.

1813년 3월, 스물한 살의 패러데이는 영국왕립과학연구소의 화학 조수로 일하기 시작했다. 그가 해야 하는 일은 데이비의 실험 연구를 도와주고, 실험기구를 관리하며, 교수들의 강의 준비를 돕는 것이었다. 제본소에서 일할 때보다 봉급은 적었지만 패러데이는 마치 천국에 온 듯한 행복을 느꼈다. 이 왕립과학연구소는 패러데이의 평생직장이 되었다.

실험 조수로 일하기 시작한 지 여섯 달 후에 패러데이는 데이비 부부와 함께 유럽 여행길에 올랐다. 장기간 여행을 하는 동안 데이비는 새로운 원소인 요오드를 발견했다. 패러데이는 데이비의 천재성을 직접 확인할 수 있었고, 다른 과학자들을 만나 볼 기회도 많이 가질 수 있었다. 하지만 힘든 점도 있었다. 공식적으로 패러데이는 과학 조교이자 비서였지만, 데이비의 부인은 그를 하인 취급해 패러데이는 여행이 끝나기만을 기다렸다.

1815년 런던으로 돌아온 패러데이는 연구에만 매달렸다. 사회 활동에도 시간을 내지 않았다. 1816년에는 도시 철학협회에서 강의를 시작했다. 그는 물리학자이자 화학자였지만 스스로를 철학자라고 생각하기도 했다.

패러데이는, 과학자들은 마음이 열려 있고 객관적이어야 한다고 굳게 믿었다. 그는 이미 알려져 있는 것이 사실이라는 것을 증명하기 위해 실험을 하는 철학자들을 비판했다(그렇게 되면 자신의 주장을 합리화할 수 있는 증거만 찾아내려고 하기 때문에 올바른 결론에 도달할 수 없다고 보았기 때문이다). 대신 철학자들은 가설을 객관적으로 검증하기 위해서 실험을 해야 한다고 생각했다.

패러데이의 진정한 첫 번째 과학 연구 가운데 하나는 탄광 인부들을 가스 폭발의 위험으로부터 보호하기 위한 데이비의 연구를 도운 것이었다. 문제는 광산에 불을 밝히는 가스등을 덮개 없이 사용하는 데 있었다. 데이비와 패러데이는 촘촘한 철망으로 불꽃을 덮으면 철이 불꽃의 열을 흡수하여 메탄에 불이 붙지 않는다는 사실을 알아냄으로써 데이비의 램프가 발병되었다.

그 후 1816년에 패러데이는 과학 계간지에 '토스카니에서 생산된 부식성 석회에 대한 분석'이라는 제목의 논문을 발표했다. 그가 발표한 첫 번째 논문이었다.

시간이 지나는 동안 패러데이는 영국왕립과학연구소에서 없어서는 안 될 인물이 되었다. 그는 오랫동안 일했고, 수많은 보고서를 출판했다. 강사로서의 능력 또한 크게 향상되었다. 사회 활동 시간은 아꼈지만, 매주 일요일마다 교회에 나갔고 그는 그곳에서 친구의 여동생 사라 바너드를 만났다. 그녀에게 마음이 끌린 패러데이는 아직 어린 바너드를 설득하여 1821년 결혼하는 데 성공했다. 바너드는 패러데이와 함께 영국왕립과학연구소에 들어가 46년 동안 그곳에서 살았다.

그의 초기 화학 연구는 탄소와 염소로 이루어진 물질과 같은 새로운 화합물을 만들고 분석하는 것과 금속에 대한 연구였다. 또한 더욱 높은 강도를 가진 강철 합금을 만드는 연구도 했다. 복잡하고 어려운 작업을 거쳐야 했지만, 이 연구를 통해 패러데이는 과학 분야에서 일어나고 있는 새로운 발전에 대해 시야를 넓힐 수가 있었다.

당시로부터 20년 전, 이탈리아 물리학자 알레산드로 주세페 안토

니오 아나스타시오 콩트 **볼타**는 원반 모양의 구리판과 아연판 사이에 소금물에 젖은 판지를 끼운 것을 쌓아 올린 후 위와 아래를 도선으로 연결하여 최초로 볼타 파일이라는 전지를 만들었다. 이것은 일정한 크기의 전류를 발생시켰다.

덴마크의 물리학자 한스 크리스티앙 외르스테드는 전류가 **자기장**을 만들어 낸다는 중요하고도 새로운 사실을 발견했다. 그는 실험을 통해 자석으로 만든 나침반의 바늘이 전류가 흐르는 도선에 대해 직각 방향으로 회전한다는 것을 확인했다. 이러한 사실은 전류에 의해 만들어진 자기장이 직선이 아니라 원 모양을 띤다는 것을 의미했다.

세계 최초의 전기 모터

1821년, 윌리엄 하이드 월러스턴이라는 영국 과학자가 데이비의 실험실을 찾아왔다. 그는 전류가 흐르는 도선을 자석을 이용해 회전시키는 시도를 하고 있었다. 이 이야기를 들은 패러데이는 연구 끝에 전기 **에너지**를 기계적인 에너지로 바꿀 수 있는 장치를 고안해 냈다.

패러데이가 만든 장치는 **전도체**로 만든 두 개의 그릇에 수은이 담겨 있는 형태였다. 그릇의 바닥에는 구멍이 뚫려 있고

볼타 파일 구리와 아연판 사이에 소금을 적신 천을 끼운 것을 교대로 쌓은 후 맨 위의 판과 아래 판을 도선으로 연결한 초기의 전지

자기장 자기력이 미치는 자석 주위의 공간

에너지 일을 할 수 있는 능력. 빛이나 열과 같이 여러 가지 다른 형태로 존재한다.

전도체 전기가 잘 통하는 물질

그 구멍을 통해 금속 막대가 솟아 있는데, 이 금속 막대에는 전지가 연결되어 있다. 그리고 그릇의 위쪽으로부터 아래로 내려온 도선이 역시 수은에 잠겨 있다. 1번 그릇의 바닥에서 올라온 금속 막대 a는 그림에서처럼 회전할 수 있도록 되어 있고, 2번 그릇의 바닥에서 올라온 금속 막대 b는 고정되어 있다. 반면에 1번 그릇의 위에서 내

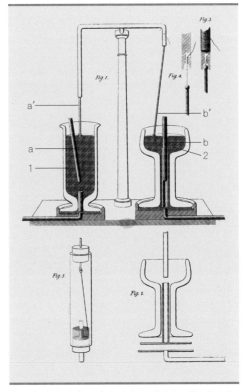

최초의 전지 모터로 인해 전기 에너지가 역학 에너지로 변환될 수 있었다.

려온 도선 a′는 고정되어 있고, 2번 그릇의 도선 b′는 회전할 수 있다. 자, 이제 수은 속에 있는 금속 막대 a와 b에 전류가 흐르면 어떤 일이 벌어질까? 1번 그릇에서는 움직일 수 있는 금속 막대 a가 원을 그리면서 고정된 도선 a′ 주위를 회전하고, 반대로 2번 그릇에서는 고정된 금속 막대 b 주위를 도선 b′가 원을 그리면서 회전하게 된다. 이로써 패러데이는 전류를 계속적인 운동으로 바꾸는데 성공

했고, 바로 이것이 인류 최초의 전기 모터였다.

패러데이는 1821년에 〈새로운 전기 – 자석의 운동과 자기 이론에 대하여〉라는 논문을 과학 계간지에 발표함으로써 위와 같은 실험 결과를 공개해 처음으로 전류 주위를 싸고도는 **자기력**선에 대해 언급했다. 패러데이의 이와 같은 발명과 발견은 그때까지 전기를, 전기 에너지를 가지고 있는 입자로 이루어진 일종의 액체라고 생각하고 있던 당시 과학자들의 생각을 뒤집는 것이었다.

하지만 이 놀라운 연구 성과는 패러데이의 실수로 인해 빛이 바랬다. 연구 결과를 발표하면서 데이비와 월러스턴의 공헌을 인정하는 것을 잊어버렸던 것이다. 뒤늦게 패러데이는 월러스턴 역시 전류가 흐르는 도선이 중심축 주위를 회전하게 하려는 시도를 했지만 결국 실패했다고 지적했고, 월러스턴은 비교적 쉽게 패러데이의 주장을 받아들였다. 하지만 데이비는 자신을 무시한 패러데이에게 서운해했다. 이와 같은 경험 후 패러데이는 다른 사람의 공헌을 빠뜨리지 않도록 각별히 주의하게 되었다.

> **자기력** 자석 사이에 작용하는 힘으로 실제로는 전류가 다른 전류에 미치는 힘이다.
>
> **결정체** 원자나 분자들이 규칙적으로 배열되어 이루어진 물질

높아져 가는 명성

1823년 어느 날, 패러데이는 염화수소를 가지고 실험을 하고 있

었다. 데이비가 그에게 밀폐된 관에 **결정체**를 넣고 가열해 보라고 제안했다. 그 결과 결정이 녹아내렸고, 압력이 높아짐에 따라 밀폐된 관의 반대쪽에 미끄러운 액체가 모였다. 액체 염소였다. 패러데이는 이산화탄소와 같은 다른 기체를 이용하여 같은 실험을 되풀이해 같은 결과를 얻었다. 이 실험을 하는 동안 패러데이는 −17.8℃(화씨 0℉)보다 낮은 온도를 만들어 낸 최초의 과학자가 되었다. 하지만 실험을 하는 동안 폭발 사고로 눈을 다치기도 했다.

패러데이는 실험 결과를 두 쪽짜리 논문으로 정리하여 왕립학회의 철학회보에 발표했다. 논문 발표 전 데이비는 패러데이의 실험을 제안한 사람이 자신이라는 내용을 첨가했다.

패러데이의 이 연구 결과는 특별한 의미를 가지는 것이었다. 왜냐하면 당시 과학자들은 기체가 다른 상태로도 존재할 수 있다는 사실을 확신하지 못했기 때문이다.

데이비는 패러데이의 후원자였지만 패러데이가 사람들의 주목을 받자 질투를 느꼈다. 실제로 그 다음 해에 패러데이가 왕립학회의 회원으로 선출될 때 당시 왕립학회 회장이었던 데이비는 그가 선출되는 것을 반대했다.

패러데이는 종종 개인적인 자문과 상담을 통해 벌어들인 돈을 영국왕립과학연구소의 연구기금으로 기부했으며 영국의 공병, 포병, 해군으로부터 화학적인 문제에 대한 조언을 자주 부탁받기도 했다. 또한 1829년부터 1853년까지 영국 육군사관학교에서 화학을 가르쳤으며, 수십 년 동안 영국왕립과학연구소에서 일하면서 법정 자문위원으로 활동하기도 했다. 또 등대에서 사용하는 연료의 효율을 높이는 방법을 알아내고 연료 회사를 위해 화학 분석을 해 주기도 했다.

1825년 패러데이는 화학 분석이 필요한 시료(시험, 검사, 분석 따위에 쓰는 물질이나 생물)를 받아 정밀하게 분석한 후 탄소와 수소로 이루어진 화합물이라고 결론짓고, '수소의 비크르부렛$^{bicarburet\ of\ hydrogen}$'이라는 이름을 붙였다. 바로 이것이 패러데이가 화학 분야에 남긴 가장 큰 업적이었다. 오늘날 우리가 벤젠이라고 부르는 이 물질은 유기화학에서 나일론, 폴리스티렌, 고무 등을 만드는 데 이용되는 등 다양한 용도로 사용되고 있다.

같은 해에 왕립학회가 망원경 렌즈 등으로 사용되는 광학 유리의 질 개선 연구 과제를 주자 그는 5년 동안의 연구 끝에 어느 정도 개선시키는 데 성공했다. 이 연구를 하는 동안 서전트 찰스 앤더슨이 조수로 들어와 그 후 40년 동안 패러데이의 유일한 조수로 일했다.

독립적인 연구원으로 성장한 패러데이에게는 더욱 많은 책임과 의무가 주어졌다. 1824년부터 영국왕립과학연구소에서 시작한 개인 교습은 3년 후에 공개 강의로 확대되었고, 1825년에는 영국왕립과학연구소의 실험실 관리자로 임명되었다. 1826년부터는 '금요일 저녁 강연$^{the\ Friday\ Evening\ Discourses}$'의 시작을 도왔다. 금요일 저녁 강연은 영국왕립과학연구소의 회원들과 초청된 저명한 학자들이 최근의 과학 이론과 각 과학 분야의 연구 경향에 대해 일반인들이 알아들을 수 있도록 설명해 주는 모임으로, 오늘날까지도 지속되고 있다. 패러데이는 이 강연에서 123번이나 강의를 했다.

같은 시기에 패러데이는 아이들을 위해 '크리스마스 강연the Christmas Lectures'을 시작했다. 크리스마스 기간 동안 열리는 이 강연에서는 유명한 과학자들이 복잡한 과학 이론과 주제를 쉽게 설명하고 실험을 통해 보여 주었다. 이 강연에서 패러데이는 총 19번의 강의를 했으며 그의 가장 유명한 강연인 '양초의 화학적 역사'(패러데이가 6회에 걸쳐 강연한 내용으로, 이후에 그 내용이 동명의 책으로 묶여 출판되기도 했다)도 포함되어 있다.

1827년 데이비는 건강이 악화되어 세상을 떠났다. 여러 가지 이견에도 불구하고 패러데이는 데이비를 매우 존경해 항상 경외심과 호감을 갖고 그에 대해 이야기를 했으며 데이비가 사망했을 때, 무척 슬퍼했다.

데이비와 영국왕립과학연구소를 위해 항상 최선을 다했던 패러데이는 새로 문을 연 런던 대학교의 화학 교수직 제안도 거절하고 연구소의 자리를 지켰다.

마이클과 사라 패러데이 사이에는 자녀가 없었지만 열 살짜리 조카를 데려다가 키우며 애정을 쏟았다. 패러데이가 크리스마스 강연을 위해 헌신적인 노력을 보인 것이라든가 조카와 많은 시간을 보낸 사실에서 알 수 있듯이 그는 아이들과 시간을 보내는 것을 좋아했다. 이들 부부는 연극 공연과 여름휴가를 즐겼지만 가족 이외의 사람들과 어울리는 사교생활은 되도록 피해 왕립학회의 회장이 보내온 초대장이 아니라면 대부분 거절했다.

전자기 연구

패러데이는 1831년에 광학 유리에 관한 보고서를 작성한 후부터 자신감을 갖게 되었고, 자신이 원하는 주제를 골라 연구할 수 있게 되었다. 그는 전자기에 대해 더 깊게 연구하기를 원했다. 물리학자들은 전기가 자기장을 형성한다는 사실을 알아냈지만, 패러데이는 그 반대 현상도 가능한지 알고 싶어 했다.

'전기가 자기장을 만들어 낸다면, 자기도 전기를 만들어 낼 수 있지 않을까?'

어떤 방법으로 이것을 실험해 볼 수 있을지 연구한 끝에 패러데이는 철로 만든 고리의 한쪽에는 절연된 구리 도선을 감고 철 고리의 다른 쪽은 도선을 감아 볼타 전지에 연결했다. 그리고 절연된 구리 도선에는 전류가 흐르는지 감지하기 위해 검류계를 연결했다.

볼타 전지에 연결한 도선에 전류가 흐르게 하자, 절연된 구리 도선과 연결된 검류계의 바늘이 순간적으로 움직였다가 다시 제자리로 돌아갔다. 한쪽 도선에 전류가 흐를 때 철 고리에 자기장이 생기고 이 자기장이 고리의 반대편에 감은 도선에 전류를 흐르게 하여 검류계의 바늘이 움직인 것이다. 이번에는 볼타 전지에 연결된 도선의 전류를 끊자 다시 검류계의 바늘이 순간적으로 움직였다가 제자리로 돌아갔다. 패러데이는 자신이 눈으로 본 것을 더욱 확실하게 하기 위해 두 전선 사이에 직접적인 접촉이 없도록 철저하게 장치한 뒤 더욱 민감한 검류계를 사용해 실험을 되풀이했다.

패러데이는 이 실험을 통해, 자기장이 아니라 자기장의 변화가 전류를 흐르게 한다는 사실을 확인했을 뿐만 아니라 두 번째 도선에 걸리는 전압이 전지의 전압뿐 아니라 도선의 감은 회수에 따라서도 달라진다는 사실도 알아낼 수 있었다. 도선의 감은 회수를 바꿈으로써 전압을 바꿀 수 있다는 것을 알게 된 것이다.

몇 달 후 패러데이는 구리 도선으로 만든 솔레노이드(원통형 코일)에 막대자석을 넣었다 뺐다 하는 실험을 했다. 도선의 끝부분은 검류계에 연결되어 있었다. 자석이나 솔레노이드가 움직이자 검류계가 전류를 감지했다. 하지만 솔레노이드나 막대자석이 정지해 있을 때는 전류가 흐르지 않았다. 패러데이는 전류를 유도하는 데 성공했지만, 거기서 만족하지 않고 지속적으로 흐르는 전류를 만들어 내고

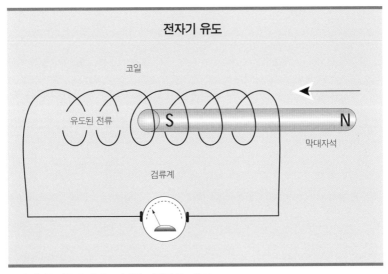

전자기 유도

코일

유도된 전류

S   N

막대자석

검류계

코일 한가운데를 움직이는 자석은 전류를 유도한다.

싶어 했다. 그래서 자석을 둘러싸고 있다고 상상했던 자기력선에 대해 다시 생각하게 되었다. 이 선들은 눈에 보이지는 않지만 자석이 놓인 종이 위에 철가루를 뿌리면 확인할 수 있었다. 철가루는 자석 주위에 뚜렷한 형태의 선을 보여 주었다.

패러데이는 자기력선이 움직이거나 자력선이 도선을 가로지를 때만 전류가 생성된다는 것을 알게 되었다.

다음 단계로 패러데이는 구리판의 가장자리가 말굽자석의 양극 사이를 지나도록 설치했다. 그리고는 구리판의 중심과 구리판의 가장자리 부분을 도선으로 연결했고, 전류를 감지하기 위한 검류계도 연결했다. 그런 뒤 구리판을 회전시키자, 구리판의 중심과 가장자리 사이에 연속적으로 전류가 흘렀다. 드디어 운동 에너지를 이용해 연

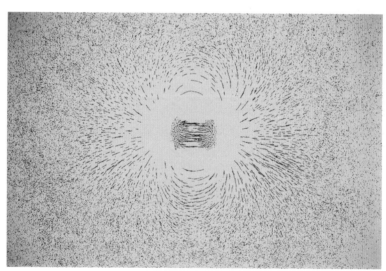

철가루를 막대자석 주위에 뿌리면 일정한 형태를 나타내서 자기력선의 모양을 눈으로 확인할 수 있다.

속적으로 흐르는 전류를 만들어 낸 것이다.

1931년, 패러데이는 이 연구 결과를 왕립학회에 제출했다. 패러데이는 이러한 일련의 실험을 통해 자기장의 변화가 전류를 만들어 낸다는 결론을 내렸다. 이것을 전자기 유도(또는 전기 유도)라고 부른다. 비슷한 시기에 미국의 물리학자인 조셉 헨리도 전자기 유도 현상를 발견했지만 패러데이가 먼저 발표했기 때문에 전자기 유도 현상을 최초로 발견한 영예를 차지하게 되었다. 헨리의 연구 결과는 1832년에 철학회보를 통해 발표되었다.

오늘날 전자기 유도를 이용하는 가장 흔한 예는 **발전기**다. 발전기는 강한 자기장 안에서 도선을 감은 코일을 빠르게 회전시켜 전류를 생산하고, 이것을 전기를 사용하는 가정이나 산업 현장으로 보낸다. 발전기는 기계적 에너지(운동 에너지)를 전기 에너지로 변환시키는 장치라고 할 수 있다.

변압기도 전자기 유도 원리에 의해 작동한다. 변압기는 전압을 높이거나 낮추는 장치다. 예를 들어 발전소에서는 매우 높은 전압의 전류를 생산하지만 램프나 토스터와 같은 일반 가전제품을 작동시키기 위해서는 낮은 전압의 전류가 필요하기 때문에 변압기도 반드시 있어야 한다.

패러데이는 자신이 자석을 이용해서 생산한 전류의 종류가 정전기나 볼타 전지에서 나오는 전기와 같은 종류의 것인지

발전기 운동에너지나 열에너지 또는 원자핵 에너지를 전기 에너지로 변환시키는 장치

변압기 전압이나 전류의 크기를 바꾸는 장치

전자기 유도 자기장 안에서 도체를 움직여 전류를 만들어 내는 현상

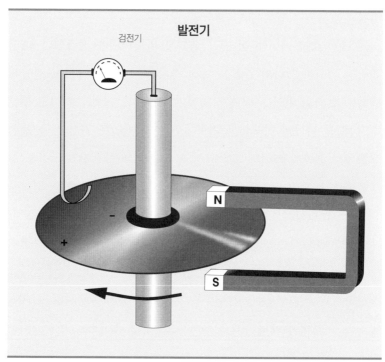

발전기

검전기

처음 만든 발전기에서는 구리판의 회전을 이용해 구리판 위에 전류를 흐르게 했다.

궁금했다. 그는 논문을 찾아서 몇 가지 실험을 해 본 끝에 전기를 만들어 내는 방법에 관계없이 모든 전기는 같은 것이라는 결과를 얻었다. 즉 전기는 전기일 뿐이었다. 다시 말해 세기는 다를 수 있지만 성질은 같았다.

전기화학과 빛

다음 몇 해 동안 패러데이는 화학에 관한 자신의 지식을 한창 발전을 거듭하고 있는 전기 분야와 결합시키는 시도를 했다. 몇 년 전 험프리 데이비는 금속에 전류를 흘려서 금속을 분리시키는 방법을 발견했었다. 패러데이는 이 과정을, 전기를 이용해서 화합물을 분해하는 과정이라는 의미로 전기분해라고 불렀다.

1833년에 그는 전기분해에 관한 기본적인 두 가지 법칙을 발견한다. 첫 번째 법칙은 분리되는 금속의 양이 사용된 전기의 양에 비례한다는 것이었다. 두 번째 법칙은 어떤 원소의 당량^當^量(수소 1원자량이나 산소 8원자량과 직간접적으로 대등하게 화합하는 다른 원소의 물질량)만큼을 분리해 내는 데 사용되는 전류의 양이 정확히 같다는 것이었다. 패러데이는 자신의 연구 결과를 설명하기 위해 음극, 양극, **전극**, 전해질, 음이온, 양이온 등의 새로운 단어를 만들어 냈다. 이 단어들은 현재 널리 이용되는 과학용어로 매우 중요한 부분을 차지하고 있다.

> **원자량** 어떤 원소의 자연에 존재하는 동위원소들의 평균 질량. 탄소를 12로 하여 상대적인 양이다.
>
> **전극** 한 매질에서 다른 매질로 전기가 흘러가는 지점
>
> **이온** 전하를 띤 원자나 분자

1833년 마이클 패러데이는 전기화학 분야에서의 연구 성과로 영국왕립과학연구소 최초의 풀러리안 화학 교수로 임명되었다. 당시 그는 왕립학회에서 받은 코플리 메달(과학계 최고의 영예를 상징하는 메달) 두 개와 옥스퍼드 대학에서 받은 명예박사 학위, 런던 대학교

의 상원의원 직함 등을 포함한 수많은 훈장과 메달을 받은 상태였다. 1836년에는 영국과 웨일스 사이에 있는 수로의 안전을 관장하고 등대를 감시하는 수로안전협회의 과학 고문에 임명되기도 했다.

1835년에는 전기화학에 관한 연구를 토대로 정전기학에 대해 생각하게 된다. 패러데이는 전기화학적인 힘이 여러 가지 형태의 **분자**들을 통해 작용한다는 사실을 알게 되었다. 정전기의 방전도 이와 비슷한 방법으로 설명할 수 있을까 연구한 그는 정전기의 방전이 전기

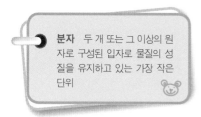

분자 두 개 또는 그 이상의 원자로 구성된 입자로 물질의 성질을 유지하고 있는 가장 작은 단위

력에 의해 모여 있던 힘이 방출된 결과라고 제안했다. 그는, 전류는 실제 물질이 전달되는 것이 아니라 입자들 사이의 장력이 만들어 내는 것이라고 생각했다.

전기에 관한 이론을 전개시키는 동안 패러데이는 기억력이 나빠지기 시작했다. 기억상실증에 걸리자 패러데이의 아내는 그를 돌보려고 노력했지만 1840년경에는 더 이상 일을 할 수 없을 만큼 건강이 악화되었고, 1844년 무렵에는 모든 활동을 중단해야만 했다. 어쩌면 화학 약품 중독이 그 원인이었을 수도 있다. 이 기간 동안에 그는 교회의 장로로 선임되기도 했는데, 이 사실은 그가 설교를 하거나 교회를 관리하는 일 정도는 할 수 있었다는 것을 뜻한다. 그는 스위스에서 휴양하며 매일 64.4km를 걸었다.

그 뒤 연구를 다시 시작한 패러데이는 빛, 전기, 자기 사이의 관계에 관심을 가졌다.

'그것들 사이에 어떤 관계가 있을까? 만약 그렇다면 그 관계의 특징은 무엇일까?'

패러데이는 그 관계를 밝혀내기 위해서 많은 실험을 했다. 그의 끈질긴 노력은 강한 전자석의 극 두 개를 나란히 배치한 후, 몇 년 전 광학 유리에 대한 연구 도중 우연히 만들었던 무거운 유리를 전자석과 마주 보게 놓았을 때 드디어 성과를 나타냈다. 패러데이는 유리의 한쪽 끝에서 **편광**된 빛(한 방향으로만 진동하는 빛)을 비추었다. 그리고 전자석에 전류를 흘려 강한 자기장이 만들어지자 빛의 방향이 회전했다. 이 현상을 '패러데이 효과'라고 부른다. 이 과정에서 유리 자체도 영향을 받는다는 사실도 알아내었다.

패러데이는 이 현상을 더 직접적으로 검사하기 위해 말굽 모양의 강한 전자석의 두 극 사이에 무거운 유리 막대를 매달았다. 그러자 유리 막대가 자기력선에 수직 방향으로 배열되었다. 즉, 유리 막대의 끝이 자석의 극으로 향하는 대신 극 사이에 가로 놓인 것이다. 더 많은 실험 끝에 패러데이는 이와 비슷하게 움직이는 다른 물질들을 발견했다. 그는 이와 같은 현상을 보이는 물질의 성질을 '**반자성**反磁性'이라고 이름 붙였고, 모든 물질은 자성 또는 반자성을 가진다고 결론지었다. 이 발견으로 패러데이는

편광 한 쪽 방향으로 진동하는 전자기파만으로 구성된 빛

반자성 자석에 의해 밀려나는 성질

1846년 왕립학회로부터 럼퍼드상과 함께 왕이 수여하는 메달을 받았다.

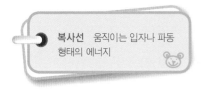

복사선 움직이는 입자나 파동 형태의 에너지

일시적인 정신착란과 기억상실에도 불구하고 패러데이는 1846년 〈복사선과 진동에 관한 소고〉라는 짧은 논문을 발표했다. 제목에서도 알 수 있듯이 이 논문은 단순히 복사선이라는 주제에 관한 생각들을 쓴 것이었다. 그는 논문에서 빛과 자기의 관계에 대한 생각을 제시했지만, 그 관계를 정확히 정의하지는 못했다. 그는 1832년 왕립학회에 전자기파의 존재 가능성에 대한 강한 신념을 드러내는 편지를 맡겨 놓았지만 이상하게도 이 편지는 1937년까지 미개봉 상태로 있었다.

1840년대 후반에서 1850년대 사이에 패러데이는 뛰어난 강사로 활동했다. 그의 강연 능력은 점점 향상되었고, 다양한 청중들로부터 매우 뛰어난 강사로 인정받았다. 그는 신중하게 준비한 실험으로 강연에 참석한 사람들에게 기쁨을 주었고, 과학 이론과 개념을 이해하기 쉽게 설명했다. 1848년에는 앞에서 언급했던 강연인 '양초의 화학적 역사'로 청중들을 사로잡았고, 1851년부터 1860년까지 매년 크리스마스 강연에 강사로 참석했다.

이 기간 동안에도 계속된 그의 연구는 많은 결과를 냈지만, 이 시기의 실험 결과물들은 이전에 그가 발견했던 것만큼 대단한 것은 아니었다. 그는 기체 속에서 보이는 자기장의 효과를 연구했고, 산소가 자성을 띤다는 사실도 발견했다. 그는 자연의 힘인 중력, 빛, 열, 자기, 전기 사이에 어떤 연관이 있다고 믿었기 때문에 전기와 중력 간의 관계를 밝히고 싶어 했지만 끝내 이 수수께끼는 밝혀내지 못했다.

보통 사람 마이클 패러데이

1857년 패러데이는 영국 왕립학회 회장을 제안 받았지만 거절했다. 그 이유는 새로운 책임을 맡게 되면 자신의 기억력에 좋지 않은 영향을 줄 것이라고 염려했기 때문이었다. 그는 평범한 사람으로 남고 싶어 빅토리아 여왕이 수여하려고 한 기사 작위도 거절했다. 하지만 여왕이 하사한 햄프턴 코트 궁전의 집과 정원은 받아들였다.

1840년대 초반에 시작된 신경쇠약으로 인해 이후에 그의 실험과 연구는 제대로 이루어지지 않았지만, 1861년까지도 영국왕립과학연구소의 강사로 일했다. 그는 영국왕립과학연구소의 회장직 제안도 거절한 후 1863년 모든 직책에서 물러났다. 하지만 수로안전협회의 고문 역할은 1865년까지 수행했다. 그는 이 직책을 맡는 동안 특히 전깃불과 등대에 관한 문제에 많은 도움을 주었다.

1865년 아내 사라와 함께 새로운 집으로 옮긴 뒤 여생을 보낸 패러데이는 1867년 8월 25일 사망했다. 그는 원하던 대로 자신이 다니던 교회 안에 있는 하이게이트 묘지에 단지 '마이클 패러데이'라고만 씌어 있는 묘비 아래 묻혔다. 하지만 사람들은 그에게 경의를 표하기 위해 전기 용량의 단위를 '패럿'이라고 이름 붙였고, 그의 이름은 영원히 남게 되었다.

패러데이가 시작한 '크리스마스 강연the christmas lectures'은 이제 영국왕립과학연구소의 가장 중요한 행사가 되어 전 세계에 방송된다. 전기기술자학회에서는 전기공학 분야에서 놀라운 업적을 이룬 사람에게 '패러데이 메달'을 수여하고 있으며, 해마다 '패러데이 강연'을 하고 있다.

패러데이는 자연의 힘에 대해 더 많이 이해하고 싶어 했던 순수한 과학자였지만, 다른 사람을 지원하는 일도 게을리 하지 않았다. 그는 다른 사람들이 새로운 과학체계를 완성할 수 있도록 중요한 기반을 마련한 개척자였다.

그가 이룬 업적들은 그의 살아생전에 이미 그 가치를 인정받았다. 아주 어릴 때부터 연구를 시작한 그는 수많은 공적을 남겼고, 때문에 50개가 넘는 학술협회의 회원으로 위촉되기도 했다. 하지만 그가 발견한 것들의 진정한 중요성은 그가 발견한 과학적 사실들의 응용성이 밝혀진 후에 더욱더 빛을 발하고 있다.

공식적인 교육을 받은 적이 없었던 패러데이는 수학적 능력이 부족해 자신의 아이디어를 바탕으로 구체적인 수학 이론을 만들기 위해서 다른 사람들의 도움을 받아야 했다. 하지만 자연에 대한 개념과 이론에 대해 초인적인 감각을 가지고 있었고 그가 발견한 현상들을 적용함으로써 인류는 현대 산업사회로 진입할 수 있었다. 마이클 패러데이는 오랫동안 기억되어야 할 사람이다.

데이비가 발견한 환각제

어떤 사람들은 험프리 데이비의 가장 위대한 발견은 마이클 패러데이라고 말한다. 하지만 데이비 자신도 19세기 초 과학 발전에 큰 공헌을 한 뛰어난 과학자였다.

데이비는 전기화학 분야를 개척했고, 전기를 이용해 많은 화합물들을 구성원소로 분리하는 데 성공했다. 또한 나트륨, 칼륨, 마그네슘, 칼슘, 스트론튬, 바륨 등을 포함한 원소들을 발견했으며, 염산(요즘에는 염화수소, HCl라고 불린다)에서 생겨난 기체가 수소와, 그 자신이 염소라고 이름 붙인 알려지지 않은 물질로 이루어져 있다는 사실도 밝혀냈다.

전기화학 화학과 전기학을 연결한 학문 분야

원소 한 가지 원자로만 이루어진 물질

클리프턴에 있던 기체학회 실험실 관리자였던 데이비는 특정 기체에 치료 효과가 있는지 확인하기 위해서 직접 자신에게 실험했다. 한번은 4쿼트의 수소 기체를 들이마시고는 거의 질식할 뻔하기도 했다. 하지만 어떤 기체는 확실한 효과를 보였다. 영국 화학자 조셉 프리스틀리는 18세기 후반에 아산화질소(N2O)를 발견했다. 데이비는 이 기체를 들이마셨을 때 환각상태에 빠진다는 사실과, 치통을 앓을 때에 통증을 줄여 준다는 사실을 알아냈다.

1799년 데이비는 아산화질소의 성질과 효과를 설명한 책을 출판했다. 아산화질소는 '웃음 가스'라고 불리기도 했는데, 곧 이 기체를 흡입하는 일이 인기 있는 여가 활동으로 자리를 잡았다. 하지만 아산화질소를 마취제로 사용하라는 데이비의 권고는 오랜 시간 동안 무시되었다.

오늘날에는 통증을 줄이고 환자를 안정시키는 약한 진통제와 진정제로 치과에서 사용되고 있다.

연 대 기

1791	9월 22일에 영국 런던에서 출생
1805	리바우 제본소의 견습생이 됨
1812	험프리 데이비의 과학 강연에 참석
1813	왕립과학연구소에서 실험 조교로 일을 시작함
1813~15	데이비 가족과 유럽 여행을 함
1815	도시 철학협회에서 강의하기 시작
1815~16	광부의 안전 램프에 대해 데이비와 연구함
1816	영국왕립과학연구소의 강사가 되어 토스카나 석회암에 대한 첫 번째 과학 논문을 발표
1818~24	합금강에 대한 연구 시작
1820	염소와 탄소의 첫 화합물을 만듦
1821	첫 전동기 발명
1823	액체 염소를 생성
1825	벤젠을 분리하고 영국왕립과학연구소 실험실 관리자가 됨
1825~29	광학 유리의 질을 높이기 위한 연구 시작

1826	금요일 저녁 강의와 어린이들을 위한 크리스마스 강연 시작
1829~53	영국 육군 사관학교에서 화학을 가르침
1831	전자기 유도를 발견하고 첫 발전기를 만듦
1832	모든 종류의 전기를 하나로 통일
1833	전기화학의 두 가지 법칙 발견
1834	영국왕립과학연구소의 첫 풀러리안 화학 교수가 됨
1835	전기와 기체 연구
1836	수로안전협회의 과학 고문이 됨
1839	전기에 관한 이론 발표
1839~55	전기에 관한 실험 연구 결과를 세 권의 책으로 출판
1845~50	전기, 빛, 자기의 관계에 대해 연구 시작
1845	편광된 빛이 자기장에서 휘는 것과 정전기 관찰
1849	전기와 중력 사이의 관계 연구
1859	논문집 《화학과 물리에 관한 실험 연구》 출판
1860	크리스마스 강연에서 '양초의 화학적 역사'를 강의
1861	영국왕립과학연구소의 교수직 사임
1864	모든 직업에서 사퇴
1867	8월 25일 75세의 나이로 세상을 떠남

인간들은
모를꺼야

"
에너지 양자의 발견은
물리학의 새로운 시대를
여는 열쇠였다!
"

Chapter 3

현대물리학의 새로운 장을 연 과학자,

막스 플랑크

Max Planck
(1858~1947)

에너지 양자에 대한 개념

눈에 보이는 세계는 일반적으로 평탄하고 연속적이며 모든 것이 확실해 보인다. 반면, 양자^{量子}의 세계는 아주 작은 세계이며, 모든 것이 불연속적이고 무계획적이며 추상적이다.

양자물리학은 원자 단위보다 더 작은 세계에서 일어나는 운동과 변화를 설명하는 학문이다. 양자 세계는 실험실에서 정밀한 관측기기를 이용해 탐지될 수는 있지만 너무 작아서 양자의 변화나 움직임을 우리 눈으로 직접 확인할 수는 없다.

에너지 양자의 개념은 20세기로 접어드는 시기에 독일의 물리학자가 제안했다. 막스 플랑크의 이 제안은 양자이론의 기초가 되었고, 물리학 분야에 혁명을 가져왔다.

열역학

막스 칼 에른스트 루드비히 플랑크는 독일의 킬에서 1853년 4월 23일에 태어났다. 그는 어릴 때 피아노 치는 것을 매우 좋아해서 음악가가 되고 싶어 했지만, 음악 선생으로부터 음악적 재능이 부족하다는 말을 들은 이후로 포기했다. 이 일은 물리학계로서는 큰 축복이었다. 훗날 플랑크로 인해 물리학은 커다란 변혁을 맞이하기 때문이다.

음악가의 꿈을 접었지만 플랑크는 평생 동안 피아노 치는 것을 즐겼고, 산을 오르면서 자연과 동화되는 것을 좋아했다. 그는 1874년 훌륭한 성적으로 고등학교를 졸업한 후 그 해 가을 뮌헨 대학에 입학했다.

대학에서 플랑크는 수학을 전공했지만, 곧 물리학에 관심을 갖게 되었다. 1877년과 1878년 두 학기 동안 그는 베를린 대학에서 공부하면서 당시 저명한 물리학자였던 구스타프 로버트 키르히호프와 헤르만 루드비히 페르디난트 폰 헬름홀츠 밑에서 수학할 수 있었다.

당시 플랑크는 열과 다른 형태의 에너지 사이의 관계를 다루는 물리학의 한 분야인 열역학을 독학으로 익혀 나갔다.

모든 형태의 에너지는 다른 형태의 에너지로 변환될 때 두 가지 법칙의 지배를 받는다. 그 열역학의 첫 번째 법칙은 '에너지 보존의 법칙'이다. 에너지는 전달되거나 변환될 수는 있지만 새롭게 생성되거나 갑자기 소멸될 수는 없다는 것이 이 이론의 내용이다. 예를 들어, 증기기관에서 열에너지가 터빈을 돌리는 운동에너지로 변환될 때 이 모든 에너지의 총량은 똑같다는 것이다.

열역학의 두 번째 법칙은 에너지가 전달되거나 변환될 때 **엔트로피**를 증가시킨다는 내용이다. 엔트로피란 무질서의 정도 또는 어떤 상태의 확률 정도를 나타낸다. 이 두 번째 법칙으로 열이나 온도가 높은 물체에서 온도가 낮은 물체로만 흐른다는 사실을 설명할 수 있다.

> **엔트로피** 열의 이동에 따른 에너지의 감소 또는 무효 에너지의 증가 정도를 나타내는 양
>
> **열역학** 열과 다른 형태의 에너지 사이의 관계를 연구하는 물리학

에너지가 보존된다는 **열역학** 제1법칙만으로는 열이 높은 온도에서 낮은 온도로만 흐른다는 사실을 설명할 수가 없다. 높은 온도에서 낮은 온도로 열이 흘러가더라도 열량이 변하는 것은 아니기 때문이다. 따라서 물리학자들은 어떤 과정은 일어날 수 있고, 어떤 과정은 일어날 수 없는지를 예측하기 위해 에너지 보존의 법칙과는 다른 또 하나의 법칙을 필요로 했다.

뜨거운 국이 담긴 그릇에 얼음 덩어리를 넣으면, 국에 있던 열이 얼음 분자로 흘러갈 것이다. 에너지가 뜨거운 국의 분자에서 얼음

덩어리의 물 분자에게로 전달되기 때문이다. 에너지를 얻은 물 분자들은 더 빠르게 움직이기 시작하고, 얼음은 녹게 된다. 반대로 열이 얼음에서 국으로 전달된다고 해도 역시 에너지는 보존될 수 있다. 그러나 열역학 제2법칙에 어긋나기 때문에 열이 차가운 얼음에서 뜨거운 국으로 전달되는 일은 일어나지 않는다.

이 원리가 가지는 보편성에 관심을 갖게 된 플랑크는 열역학 제2법칙에 대해 박사 논문을 쓰기로 결정했다. 플랑크가 출판한 책들 중에서 가장 먼저 나온 이 책은 엔트로피에 대한 연구를 확대시킨 내용을 담고 있었다. 1897년 출판된《열역학에 관한 강의》에는 열역학의 원리와 삼투압, 끓는점, 어는점의 개념에 관한 연구결과가 포함되어 있다.

1879년에 뮌헨 대학에서 박사 학위를 받은 후, 플랑크는 그곳에서 1880년부터 1885년까지 강사로 학생들을 가르쳤다. 하지만 강사 월급으로는 앞으로 갖게 될 가정을 꾸려 나가기에 충분하지 않았기 때문에 킬 대학의 이론 물리학 부교수직 제안이 오자 받아들였다.

가족을 부양할 수 있을 만큼 수입이 생기자 그는 어린 시절부터 사귀어 온 메리 머크와 결혼해 네 명의 아이들을 낳았다.

1888년 가을, 키르히호프 교수가 죽자 베를린 대학에서 그의 후임으로 플랑크를 초청했다. 그는 1888년 11월에 조교수이자 이론 물리학회의 첫 관리자로 임명되었고, 1892년에는 정교수로 승진했다. 그리고 1926년에 퇴임할 때까지 베를린 대학에서 후학을 양성했다.

자외선 재앙

베를린 대학에 있는 동안 플랑크는 흑체복사를 연구하기 시작했다. 흑체는 표면에 도달하는 모든 복사선을 완전히 흡수하는 이론적 물체다. 물체가 내는 복사선에는 두 가지가 있는데, 하나는 물체 자체가 내는 복사선이고 다른 하나는 다른 곳에서 오는 복사선을 **반사**하는 복사선이다. 외부에서 오는 복사선을 모두 흡수해서 반사되는 복사선이 0인 물체를 흑체라

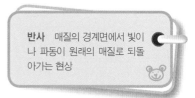

반사 매질의 경계면에서 빛이나 파동이 원래의 매질로 되돌아가는 현상

고 부른다. 이런 물체에서 나오는 복사선은 모두 물체 자체가 내는 복사선뿐이다.

흑체가 내는 복사선은 전자기파 에너지의 형태를 띤다. 흑체가 전자기파를 내면 더 이상 검은색으로 보이지 않는다. 왜냐하면 흑체가 내는 복사선에는 우리가 눈으로 볼 수 있는 가시광선도 포함하고 있기 때문이다.

예를 들어 고기를 구워먹을 때 사용하는 숯이 뜨거워지면 빨간색으로 보이다가 온도가 더 올라가면 주황색으로 보인다. 온도가 이보다 더 올라가면 전구의 필라멘트처럼 노란빛을 띠는 하얀색으로 보일 것이다. 많은 사람들이 온도가 높아짐에 따라 물체가 내는 전자기파의 색깔이 바뀌는 이유를 궁금해했지만 이론물리학자들은 온도와 방출되는 스펙트럼 사이의 관계를 설명하는 데 많은 어려움을 겪고 있었다.

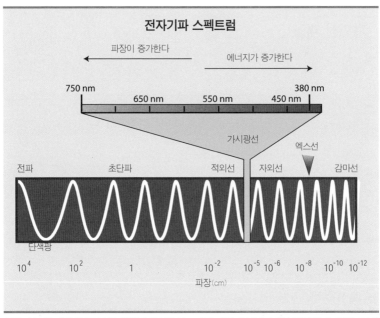

전자기파 스펙트럼

파장이 증가한다 ←

에너지가 증가한다 →

750 nm　650 nm　550 nm　450 nm　380 nm

가시광선

엑스선

전파　초단파　적외선　자외선　감마선

단색광

10^4　10^2　1　10^{-2}　10^{-5}　10^{-6}　10^{-8}　10^{-10}　10^{-12}

파장(cm)

인간의 눈은 파장이 380나노미터에서 750나노미터 사이의 전자기파를 감지할 수 있다. 가시광선과 다른 형태의 전자기파의 차이점은 파장이다.

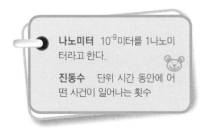

나노미터 10^{-9}미터를 1나노미터라고 한다.

진동수 단위 시간 동안에 어떤 사건이 일어나는 횟수

플랑크는 흑체에서 방출되는 전자기파의 에너지와 전자기파의 **진동수** 그리고 온도 변화 사이의 관계에 대해 연구했다. 흑체가 내는 복사선의 성질은 오로지 온도에 의해서만 결정되었다.

낮은 온도에서는 방출되는 빛의 세기가 약해졌다. 낮은 온도에서는 적은 양의 복사선이 방출될 뿐만 아니라 더 긴 파장을 가진 복사선을 방출하는 것으로 나타났다. 빨간색은 파장이 긴 전자기파이므로 물체가 열을 받기 시작해 온도가 낮은 때는 빨간색 빛을 주로 내다가 그 후 물체가 더 뜨거워지면 주황색이나 노란색으로 바뀌게 되고 결국은 파란색이 된다. 이것은 물체가 내는 전자기파가 더 큰 에너지를 가지고 있는 짧은 파장의 전자기파로 바뀌어 간다는 사실을 나타낸다. 아주 높은 온도에서는 물체에서 파란색 부분의 전자기파가 강하게 나온다. 다시 말해 흑체가 더 많은 열을 흡수하여 온도가 높아지면 높아질수록 물체가 내는 전자기파 중 가장 세기가 강한 전자기파는 점점 파장이 짧고 진동수가 큰 쪽으로 이동해 간다.

이와 같은 실험을 통해 얻은 자료를 이용하면 물체가 특정 온도에서 내는 여러 가지 파장의 전자기파의 세기를 그래프로 나타낼 수 있다. 그러나 **고전물리학**의 이론으로는 이런 그래프를 설명할 수 없었다. 높은 진동수의 범위에서는 무한히 많은 종류의 진동수가 가능하다. 만약 흑체

> **고전물리학** 20세기 이전에 발전되었던 물리학으로 역학, 음향학, 광학, 열물리, 전자기학 등이 여기에 속한다. ▶현대물리학: 원자 단위에서 물질과 에너지를 다루는 물리학. 20세기 초에 발전된 양자이론과 상대성이론을 포함하는 물리학

가 내는 모든 파장의 전자기파가 고전 열물리학에서 설명하는 것처럼 같은 에너지를 가진다면 흑체가 내는 에너지는 진동수가 큰 전자기파에 몰려 있어야 한다. 이것은 자외선과 같이 짧은 파장을 가진 빛이 아주 강하게 나와야 한다는 것을 의미한다.

하지만 실험 결과는 이런 이론적 설명과 맞지 않았다. 이 수수께끼는 '자외선 재앙'이라고 불렸고 아무도 이 현상을 설명할 수 없었다.

10년 동안 물리학자들은 흑체가 어떻게 복사선을 방출하는지를

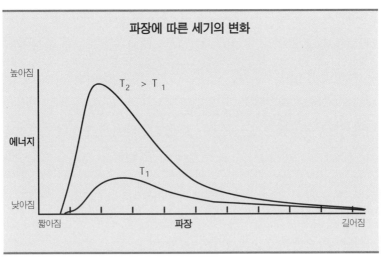

파장에 따른 세기의 변화

높아짐

$T_2 > T_1$

에너지

T_1

낮아짐

짧아짐   **파장**   길어짐

높은 온도에서는 흑체가 내는 스펙트럼의 분포가 짧은 파장(높은 진동수) 쪽으로 옮겨간다. 높은 온도에서는 물체가 내는 총에너지가 커진다는 것도 알 수 있다.

수학적으로 설명하려고 노력했다. 몇몇 과학자들은 적절해 보이는 해법을 제시하기도 했지만 그들이 제안한 식들은 제한된 파장 범위의 복사선만 설명할 수 있을 뿐이었다.

독일의 물리학자 빌헬름 빈은 높은 진동수에 잘 적용되는 이론적인 곡선을 제시했다. 영국의 물리학자 존 레일리가 제시하고 영국의 수학자이자 천문학자인 제임스 호프우드 진즈가 수정한 방정식은 낮은 진동수 영역의 전자기파 분포를 성공적으로 설명할 수 있었다. 그러나 아무도 모든 파장의 복사선을 설명하는 데는 성공하지 못했다. 플랑크는 이 모순의 해결을 시도했다.

양자 개념

플랑크는 자신에게 익숙한 분야인 열역학적인 관점에서 이 문제를 해결하려고 노력했다. 그러나 몇 년이 지나도 해결할 수 없었다. 절망한 플랑크는 지푸라기라도 잡겠다는 심정으로 대담한 가정을 하게 되는데, 이 가정이 그를 성공으로 이끌었다.

플랑크는 에너지가 무한히 작게 나눌 수 있는 것이 아니며 **양자**라고 부르는 작은 에너지 덩어리로만 존재한다고 가정했다. 독일 출신 물리학자 알베르트 아인슈타인은 후에 빛의 양자를 '광자'라고 이름 붙였다. 플랑크는 에너지 덩어리의 크기는 전자기파의 진동수에 비례한다고 가정했다. 그러자 특정 진동수의 전자기파가 가지는 에너지는 오늘날에 **플랑크 상수**라고 불리는 상수와 전자기파의 진동수를 곱한 값과 같다는 결론을 이끌어낼 수 있었다.

> **양자** 작은 에너지 덩어리
>
> **플랑크 상수** 막스 플랑크가 양자이론에서 도입한 상수로 h로 나타내지며 에너지의 최소 단위이다.

이 공식은 $E = hv$라고 표현되는데 여기서 E는 방출되는 에너지, h는 플랑크 상수, v는 전자기파의 진동수를 나타낸다. 플랑크 상수는 전자기파의 에너지와 전자기파의 진동수 사이의 관계를 나타내는 상수다. 플랑크 상수의 값은 6.626×10^{-34} J·s이다. 따라서 플랑크의 양자 가설은 방출된 광자의 에너지가 hv의 정수배라는 사실을 의미했다.

위에서 언급했듯이 실험적으로 얻어진 곡선을 성공적으로 설명하기 위해 플랑크는 에너지가 일정한 크기를 가지는 덩어리의 형태로 흡수되거나 방출된다는 가정을 임의로 제안했다. 처음 그는 에너지의 최소 단위인 양자를 계산을 완성하기 위한 하나의 수학적 가정으로 제시했는데 이러한 생각은 가히 혁명적인 것이었다. 결국 그의 아이디어는 양자물리학 또는 **양자역학**이라고도 불리는 물리학의 새로운 분야를 수립하는 기초가 되었다.

양자역학 물질의 구조와 행동을 연구하는 물리학의 한 분야

이 새로운 개념은 자외선 재앙의 문제도 해결했다. 낮은 진동수의 양자를 형성하는 데는 적은 양의 에너지만이 필요하기 때문에 흑체는 낮은 진동수 즉, 긴 파장을 가진 붉은색 전자기파를 쉽게 방출할 수 있다. 온도가 증가하면 더 많은 열에너지를 가지고 있기 때문에 더 높은 에너지를 가지는 양자를 방출할 수 있다. 하지만 파장이 짧고 진동수가 큰 자외선에서는 $E = h\nu$의 관계를 만족하는 에너지를 가진 광자를 얻기 어렵다. 완전한 광자만이 방출될 수 있기 때문에 h보다 낮은 에너지를 가지는 광자는 방출될 수 없는 것이다. 따라서 고전 역학에서 예측했던 높은 진동수의 전자기파가 다량으로 방출되는 자외선 재앙은 일어나지 않는다.

에너지와 같은 물리량이 연속적인 양으로 존재하며 주고받을 수 있다는 것은 오랫동안 당연한 것으로 받아들여지는 상식이었다. 따라서 에너지는 일정한 크기의 덩어리로만 존재하고 주고받을 수 있다는 양자 개념은 오래된 상식에 반하는 것이어서 매우 혁명적인 생각이었다.

고전역학으로 설명되는 큰 세상에서 일어나는 운동은 연속적이

다. 예를 들어, 태양의 주위를 도는 행성들은 위치를 연속적으로 변화시킨다. 다시 말해 행성들은 연속적인 경로를 따라 움직인다. 난로가 내는 열기는 부엌을 조금씩 따뜻하게 하다가 옆방으로 옮겨가 거실까지 따뜻하게 만든다.

사람들은 공상과학소설에 나오는 것처럼 한 장소에서 다른 장소로 순간적으로 이동하지 못한다. 하지만 양자의 개념은 혁신적인 운동 메커니즘을 소개하였고, 이것을 이용하여 분자, **원자**, 전자와 같은 미시세계의 움직임을 대부분 설명할 수 있게 되었다. 양자 도약은 플랑크 상수에 나타난 것처럼 매우 작다. 큰 세상에서 살아가는 사람들에게 이러한 불연속적인 도약이 잘 나타나지 않는 것은 양자 도약이 아주 미세하기 때문이다.

플랑크는 1900년 10월, 베를린 대학의 물리 세미나에서 처음으로 **흑체복사**에 관한 문제의 해답을 제시했다. 그러나 그는 자신의 복사법칙을 12월까지 이론적으로 정당화시키지는 못했다. 흑체복사 문제를 다룬 논문은 〈물리학 연대기〉에 발표되었고, 역사상 매우 중요한 물리학 논문 중 하나가 되었다.

> **원자** 원소의 특성을 가지고 있는 가장 작은 단위
>
> **흑체복사** 표면에 도달하는 모든 빛을 흡수하는 물체로 이 물체에서 나오는 복사선은 물체의 온도에 의해서만 달라진다.

플랑크는 훗날 흑체복사의 문제를 해결한 것은 단지 운이 좋았기 때문이라고 말했다. 흑체복사와 에너지 양자에 대한 그의 자세한 설명은 1906년에 출판된 《복사열에 관한 이론》에 나타나 있다.

플랑크가, 에너지가 양자화되어 있다는 사실을 발견하고 10년 후,

물리학 분야는 이 혁명적인 생각을 완전히 받아들여 발전시키기 시작했다. 플랑크의 발견을 적용하여 이론물리학과 실험물리학 사이에 존재했던 많은 문제들을 해결할 수 있었다.

가장 유명한 사실은 아인슈타인이 플랑크의 양자화 개념을 빛에 적용시켜 빛이 광자라는 에너지 알갱이 형태로 방출된다고 설명한 것이었다. 아인슈타인은 이런 생각을 빛이 파동과 입자의 이중성을 가진다는 데까지 확장시켰다.

덴마크의 물리학자 닐스 보어는 양자 개념을 원자 모델에 도입하여 원자가 내는 스펙트럼의 종류를 성공적으로 설명해낸 양자역학적인 원자 모델을 만들었다.

1918년 플랑크는 에너지가 양자화되어 있다는 사실을 발견한 공로로 노벨 물리학상을 받았다. 1920년대에는 양자역학의 새로운 분야가 개척되었다. 1926년에 플랑크는 런던 왕립학회의 외국 회원으로 선출되었고, 1928년에는 왕립학회가 주는 코플리 메달을 받았다.

개인적인 비극

플랑크가 세운 과학적 업적과 그가 받은 수많은 상도 그 자신에게 닥친 개인적인 비극들을 막을 수는 없었다.

1909년 그의 아내 메리가 사망했고 1917년에는 그의 딸이 아이를 낳다가 사망했으며 사망한 딸의 쌍둥이 자매는 사망한 자매의 남편과 결혼했지만 2년 후에 같은 이유로 세상을 떠났다. 또 그의 아들 중 한 명이 제1차 세계대전의 포화 속에서 숨을 거두었다. 플랑크는 1911년에 사망한 아내의 조카딸 마르가 본 회슬리와 재혼해 아들을 낳았다.

노벨상 수상 후 플랑크가 남긴 대부분의 업적은 행정적인 것이었

다. 플랑크는 과학자로서 일하는 것뿐만 아니라 과학 발전을 위한 행정적 관리자가 되는 것에도 큰 의미를 두었다. 그는 과학적 관심을 증진시키는 것도 과학자로서 가져야 할 자신의 의무라고 생각했고, 유능한 과학자들을 독일로 불러들이면 독일의 과학 발전에도 큰 도움이 될 것이라고 생각했다.

1894년에 그는 프로이센 과학 아카데미의 회원이 되었고 1912년부터 1938년까지 종신 서기로 일했다. 또 물리 학술잡지인 〈물리학 연대기〉의 편집장으로도 일했다. 1929년에는 독일 물리학회에서 주는 가장 큰 영예인 막스 플랑크 메달을 받았다. 1930년에는 베를린에 있는 카이저 빌헬름 학회의 회장으로 임명되었다.

그는 1937년에 유대인 동료들을 대신하여 아돌프 히틀러에게 항의하다가 강제로 물러날 때까지 카이저 빌헬름 학회장으로 계속 일했다. 전쟁이 끝난 1945년에 이 학회는 막스 플랑크 학회로 이름을 바꾸고 괴팅겐으로 옮겼다. 플랑크는 1947년 어려운 시기에 임시 회장을 맡아 사망할 때까지 활동했다.

플랑크는 말년에 몇몇 지적인 작업에 몰두했다. 그는 양자 개념을 그가 열렬히 지지했던 아인슈타인의 **상대성이론**과 일치시키려는 시도를 했으며 전반적인 과학철학에 대한 연구결과물들을 책으로 펴냈다.

1935년 플랑크는 철학, 종교, 사회의 일반적인 문제에 물리를 적용하여 다룬 《세계관을 위해 싸우는 물리학》을 출판했다. 플랑크는 항상 모든 현상을 일반화시키는 일에 관심을 가졌고 끊임없이 자연

상수를 찾아내려고 애썼다. 자연법칙은 단순하고 정확해야 한다고 믿었던 그의 생각들은 저서인 《물리 철학》에 잘 나타나 있다.

제2차 세계대전이 일어났을 때 플랑크는 독일에 남아 과학 연구를 계속하는 것이 자신의 의무라고 생각했다. 하지만 나치 정권에 대항하려는 그의 노력은 아무런 성과가 없었다.

상대성이론 알베르트 아인슈타인이 제안한 이론으로 공간, 질량, 운동, 그리고 중력을 새롭게 해석하도록 한 이론. 특수상대성이론은 질량과 에너지가 동등하다는 내용을 포함하고 있어 질량과 에너지의 상호 변환을 예측했다. 일반상대성이론은 중력과 관성력이 동등하다는 것을 다루고 있다.

1943년 그는 로가츠로 이사했고, 1945년에는 몇몇 미국 동료들이 그를 괴팅겐으로 데려갔다. 그는 그곳에서 일생의 마지막 2년을 조카딸과 함께 보냈다. 슬프게도 공습으로 그의 집이 불에 타서 그가 행했던 연구에 관한 원고와 책은 거의 다 소실되고 말았다.

1944년에는 첫 결혼에서 얻은 아들이 나치 경찰에 체포되어 아돌프 히틀러를 살해하려는 음모를 꾸몄다는 이유로 처형되었다.

명예로운 물리학자

막스 플랑크는 1947년 10월 3일에 세상을 떠났다. 그는 과학적 업적뿐만이 아니라 고결한 인품과 책임감으로도 많은 사람들의 존경을 받았다.

그를 기리기 위해 1948년에 막스 플랑크 학회가 괴팅겐에서 창립되었다. 이 학회는 과학의 진보를 위해 설립되었던 카이저 빌헬름 학회의 뒤를 이은 것이었다. 이 학회에서는 일반 대중들이 관심을 갖는 자연과학, 생명과학, 사회과학, 인문과학 분야에서 대학들이 잘 다루지 않는 주제에 대한 기초적인 연구를 수행하고 있다. 그리고 독일 물리학회는 매년 뛰어난 이론물리학자에게 막스 플랑크 메달을 수여하고 있다.

오늘날 양자역학은 전자기파 복사선의 스펙트럼 분포와 같은 현상, 그리고 원자들이 어떻게 분자로 결합하는지에 대해 설명하고 있다. 양자역학은 슈퍼마켓에 있는 바코드 판독기, 레이저, 콤팩트디스크 그리고 핵에너지와 같은 기술적인 면에서 진보를 가져왔다.

물리학은 두 시대로 나눌 수 있다. 고전물리학은 1900년 전에 있었던 열, 빛, 소리, 기계, 열역학과 관계된 이론들을 포함하고 있다. 현대물리학은 상대성이론, 핵물리학, 빅뱅 우주론 등 양자이론 이후의 모든 물리학 이론을 포함한다. 플랑크 상수는 수많은 양자역학 공식에서 발견되고 있으며 오랫동안 가장 보편적인 상수로 받아들여지고 있다. 그러나 양자 개념은 수학 공식이나 현대 전기 장치의 기초 이론을 모아둔 것 이상의 의미를 지닌다. 그것은 모든 물리 과정의 기본 토대를 설명하고 있기 때문이다.

1931년 11월 독일 베를린에 모여 담소 중인 막스 폰 라우에와 로버트 밀리칸, 알베르트 아인슈타인, 발터 네른스트, 막스 플랑크, 한 가운데에 앉은 과학자가 막스 플랑크이다.

가장 선망 받는 상

과학자로서 노벨상을 수상한다는 것은 최고의 영예를 얻는다는 사실을 의미한다.

알프레드 버나드 노벨Alfred Nobel은 19세기인 1833년 10월 21일에 스웨덴 스톡홀름에서 태어난 발명가다. 그의 아버지는, 적의 함대가 사거리까지 접근하는 것을 막기 위해 러시아군이 기뢰를 만들 때 도운 화학자였다.

어른이 된 노벨은 불안정한 니트로글리세린의 폭발에 관심을 갖게 되었다. 그는 니트로글리세린을 안정적으로 만들면 건설이나 공사 현장에서 유용하게 사용할 수 있을 것이라고 생각했다.

1862년 그는 니트로글리세린을 흡수한 다공성 물질을 기폭제와 퓨즈가 있는 원통형 용기로 싼 뒤 먼 거리에서 폭발시킬 수 있는 폭약인 다이너마이트를 발명했다. 하지만 1864년 스톡홀름의 실험실에서 니트로글리세린이 폭발하여 노벨의 남동생이 사망하는 비극이 발생했다.

당시 한 신문은 죽은 사람이 노벨의 동생이 아니라 노벨이라고 잘못 보도하기도 했다. 그리고 이 기사에서 노벨을 무기 발명자라고 설명하자 그는 이 세상이 자신의 발명품을 전쟁 무기로 생각하고 있다는 사실을 깨달았다.

노벨은 자신이 만든 다이너마이트가 인류를 위해 도움을 줄 수 있는 물건이 되도록 하기 위해, 다이너마이트로 번 돈을 다른 사람들의 업적을 기념하기 위한 재단을 세우는 데 사용하기로 했다. 알프레드 노벨은 뇌출혈로 1896년 12월 10일, 이탈리아 산레모에 있는 자신의 집에서 세상을 떠났다. 그리고 1900년, 그의 유산으로 남겨진 92만 달러의 재산이 노벨 재단을 설립하기 위한 자금으로 기증되었다.

　노벨상은 1901년 이래로 매년 물리학, 화학, 생리학 또는 의학, 문학 그리고 평화의 분야에서 뛰어난 업적을 세운 사람에게 수여되고 있다. 노벨 수상자들은 메달과 증서, 100만 달러가 넘는 상금을 받는다. 1968년 스웨덴 은행은 알프레드 노벨을 추모하기 위해 경제 과학상을 제정했다.

연 대 기

1858	4월 23일 독일의 킬에서 출생
1874~75	뮌헨 대학에서 공부
1877~78	베를린 대학에서 공부
1879	뮌헨 대학에서 열역학에 관한 논문을 쓰고 박사 학위를 받은 후 강의 시작
1885	킬 대학의 부교수로 임명됨
1888	베를린 대학의 조교수로 임명됨 이론물리연구소의 관리자로 근무
1892	베를린 대학에서 정교수가 됨
1897	처음으로 열역학에 관한 책 출판
1900	양자의 개념을 제시함
1906	열복사에 관한 이론 출간

1918	에너지 양자를 발견하여 물리학 발전에 기여한 공로로 노벨 물리학상 수상
1926	은퇴 후 베를린 대학의 명예교수가 됨
1929	독일 물리학회로부터 최초의 막스 플랑크 메달 수상
1930~37	카이저 빌헬름 학회(현 막스 플랑크 학회)의 회장으로 활동
1944	공습으로 집, 원고, 책이 파손됨
1947	10월 4일 독일의 괴팅겐에서 세상을 떠남

어니스트 러더퍼드는
방사성의 성질을 설명했고,
원자의 구조를 밝혀냈다.

Chapter 4

방사성의 수수께끼를 푼 과학자,

어니스트 러더퍼드

Ernest Rutherford
(1871~1937)

원자핵의 발견

우리는 모두 생활 속에서 방사선을 접하면서 살아간다. 방사선이 방출되는 것은 자연적인 현상이다. 우주가 생성된 이래로 원자는 방사선을 방출해 왔다.

대부분의 원자핵은 상당히 안정되어 있기 때문에 백만 년이 지난다 해도 변하지 않을 것이다. 그러나 어떤 원자핵들은 매우 불안정하기 때문에 몇 초 동안 방사선을 내고 저절로 붕괴되고 만다. 방사선은 보이지 않고 만질 수도 없으며 냄새도 나지 않기 때문에 사람들은 19세기 말까지 방사선이 존재한다는 사실을 알지 못했다.

사람들은 원자가 물질을 구성하고 있는 가장 작은 입자라고 생각했지만 1890년대에 과학자들은 원자가 자연적으로 더 작은 입자로 분해된다는 사실을 발견했다. 개척자 성향의 물리학자였던 어니스트 러더퍼드는 방사선이 원자 붕괴의 산물이라고 설명하고, 원자 구조를 연구하는 수단으로 방사선을 사용했다.

연금술사들은 수세기 동안 화학적인 방법으로 한 가지 물질을 다른 물질로 변화시키려고 시도했지만 성공하지 못했다. 그러나 러더퍼드는 한 종류의 원자가 저절로 다른 종류의 원자로 변형되기도 한다는 사실을 발견했고, 스웨덴 왕립 과학 아카데미는 1908년에 원소의 분해와 방사성 물질의 화학적 성질을 연구한 공로를 인정하여 노벨 화학상을 수여했다.

농부의 아들

어니스트 러더퍼드는 1871년 8월 30일에 뉴질랜드의 넬슨 시에서 가까운 곳에 있는 프링 그로브라는 시골 마을에서 제임스와 마사 톰슨 러더퍼드의 열두 명의 자녀들 중 네 번째 아들로 태어났다. 러더퍼드의 가족은 그가 열다섯 살 때 푼가레후로 이사했다. 그의 아버지는 차바퀴를 만들거나 아마를 재배하는 농부였으며, 방앗간을 운영하기도 했다. 그의 어머니는 학교 선생님이었다.

초등학생 때 뛰어난 학생이였던 러더퍼드는 넬슨 칼리지 장학금을 받았고, 그 후 크라이스트처치에 있는 캔터베리 칼리지(현재의 캔터베리 대학)에서도 장학금을 받았다. 1892년 인문학 학사 학위를 받은 러더퍼드는 다음 해인 1893년에 수학과 물리학에서 동시에 두 개의 석사 학위를 받았고 1년 후에는 과학 학사 학위도 받았다.

러더퍼드는 넬슨 칼리지에 다니는 동안 지주의 딸 메리 뉴턴과 약혼했지만 안정된 직업을 구할 때까지 결혼을 미뤘다. 그는 1851년에 과학 박람회에서 주는 상을 받아 영국에 있는 케임브리지 대학의 트리티니 칼리지에 있는 캐번디시 연구소로 갈 수 있었다.

흥미로운 분위기

캔터베리에서 러더퍼드는 교류를 이용하여 철을 자석으로 만드는 연구를 했다. 그는 이 지식을 이용하여 후에 이탈리아 발명가 굴리엘모 마르코니가 무선전신을 개발한 원리와 같은 방법으로 전자기파 감지기를 고안했다.

캐번디시의 과학자들은 모임이나 단체에 외국인을 받아들이는 것을 내키지 않아 했지만 러더퍼드가 만든 전자기파 감지기의 감지 범위와 감도에 큰 인상을 받았다. 그 결과 전자기 방사의 기술자인 조셉 존 톰슨의 지도하에 러더퍼드는 캐번디시 실험실의 첫 연구 학생이 되었다.

생산적인 동업자

1898년, 러더퍼드는 캐나다 몬트리올에 있는 맥길 대학에서 실험물리학의 맥도널드 교수직을 제안받았다. 그는 맥길 대학에서 방사성 원소인 토륨을 연구했지만 그 **방사능**은 우라늄의 방사능과 비교했을 때 불규칙해 보였다. 러더퍼드는 이것이 토륨 방사물이라고 부르는 방사성 기체가 방출되었

> **방사능** 원자가 자발적인 붕괴를 통해 알파선, 베타선, 감마선을 내놓는 현상

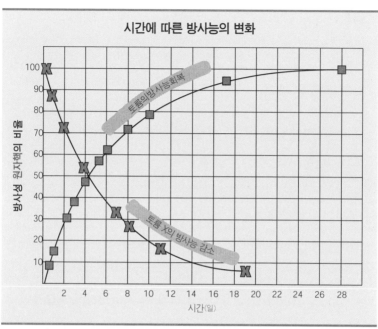

시간에 따른 방사능의 변화

토륨의 방사능회복

토륨 X의 방사능 감소

원자핵의 상대적 비율

시간(일)

분리된 후 새로 만들어진 **토륨 X**의 방사능은 줄어들었지만 방사능을 잃었던 **토륨**은 다시 방사능을 되찾았다.

기 때문이라고 생각했다.

　그는 현재는 라돈의 **동위원소** 중의 하나라는 것이 밝혀진 비활성 기체 중 하나인 토론 기체를 분리하여 조사했다. 또한 토륨 방사물의 활동이 시간이 지날수록 줄어든다는 사실을 발견했다.

　안정된 직업을 갖게 된 러더퍼드는 1900년 메리 뉴턴과 결혼해, 1901년에는 아

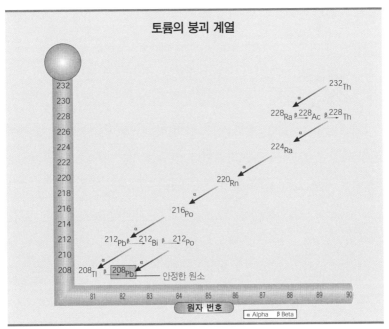

토륨의 붕괴 계열

방사성 원소가 알파 입자와 베타 입자를 방출하고 **붕괴 계열**에 속하는 다른 원소로 바뀌어 마지막에는 안정한 원소가 된다.

이린이라는 이름의 딸을 낳았다.

1901년에 러더퍼드는 맥길 대학에 온 지 얼마 안 된 뛰어난 화학자 프리데릭 소디와 함께 일하게 되었다. 그들은 성공적으로 비활성이던 토륨 화합물에서 활성 토륨 방사물을 분리해내고 '토륨-X'라는 이름을 붙였다.

그들은 토륨-X의 활성이 시간이 지날수록 줄어든다는 사실과 비

> **붕괴 계열** 안정하지 않은 방사성 원소가 붕괴할 때 만들어지는 원소가 다시 방사성을 가지게 되어 또 다시 붕괴하게 되는데, 이런 연속적인 방사성 붕괴는 안정한 원소가 만들어질 때까지 계속된다. 이때 한 원자로부터 시작하여 중간에 만들어지는 불안정한 방사성 원소들을 붕괴 계열이라고 부른다.

활성 토륨이 몇 주 안에 다시 활성을 회복한다는 사실을 발견하고 놀랐다. 베크렐은 우라늄에서도 이와 비슷한 현상을 관찰했다. 따라서 러더퍼드와 소디는 자신들이 관찰한 것이 실제 현상이라는 것을 확신할 수 있었다.

1903년에 더 많은 실험을 한 러더퍼드와 소디는 방사능 붕괴에 관한 새로운 분해 이론을 전개했다. 토륨 원자는 방사능을 방출하고 더 작은 원소로 바뀐다. 토륨-X는 그런 원소 중 하나였다. 토륨과 분리된 토륨-X는 시간이 지남에 따라 붕괴되어 줄어들었고, 토륨 원자의 붕괴에 의해 점점 활동이 줄어들었다. 하지만 겉으로 보기에 비활성인 것처럼 보였던 토륨은 자연적으로 새로운 방사성 물질을 만들어내면서 다시 활동을 시작했다.

우라늄, 토륨, 라듐과 같은 방사성 물질들은 모두 특정한 경로를 통해 붕괴되는 것처럼 보인다. 방사성 붕괴는 원자가 안정한 형태, 즉 방사성이 아닌 다른 원소가 될 때까지 알파와 **베타 입자**를 내놓으면서 예측된 과정을 따라 진행된다. 각각의 방사성 물질은 자신만의 **반감기**가 있다. 방사성 동위원소의 반감기는 처음 방사능 물질이 붕괴되어 절반이 남는 데 걸리는 시간이다. 방사성 원소가 알파 입자를 내놓으면 원자 번호는 2가 줄어들고 원자량은 4가 줄어든다. 베타 붕괴에서는 원자 번호가 1 증가하지만 원자량은 변하지 않는다.

러더퍼드와 소디는 1902년에 방사능의 성질에 관해 자신들이 밝

베타 입자 방사성 붕괴 시 원자핵에서 나오는 전자나 양전자

반감기 방사성 물질의 반이 붕괴하는 데 걸리는 시간

혀낸 내용을 철학 학술지에 두 부분으로 나누어 '방사능의 원인과 특징'이라는 제목의 논문으로 발표했다. 방사성 원소에 대한 연구 업적으로 러더퍼드는 1903년 런던 왕립학회 회원에 선출되었고, 1908년에는 노벨 화학상을 수상했다.

러더퍼드는 물질이 엄청난 양의 에너지를 보유하고 있다는 것과

자신의 발견이 사회에 끼칠 큰 영향에 대해 알고 있었다. 그래서 인류가 먼저 평화롭게 사는 방법을 배울 때까지 과학자들이 원자 안의 에너지를 꺼내는 방법을 배우지 않았으면 좋겠다고 생각했다. 그는 또한 천연 방사성 원소가 지구 나이를 측정하는 문제에 열쇠를 제공할 것이라는 사실을 예측하는 통찰력도 가지고 있었다.

그는 토륨 붕괴 계열의 안정한 최종산물인 납이 형성되는 속도를 계산함으로써 암석의 표본이 10억 년도 더 되었다는 사실을 밝혀냈다. 1904년에는 《방사능》을, 1906년에는 《방사능 변화》를 출판했다.

원자에 대한 설명

러더퍼드는 훌륭한 실험시설을 갖춘 실험실을 가지고 있었음에도 불구하고 학문적으로 더 풍부한 자원을 가지고 있던 영국에 가길 원해 1907년 맨체스터 대학의 랭워디 물리 교수직을 제안 받았을 때 흔쾌히 받아들였다. 그는 맨체스터 대학에서 훌륭한 동료들, 그리고 과거와 미래의 노벨 수상자들과 방사능에 대한 연구를 계속했다.

알파선에 가장 관심이 많았던 러더퍼드는 1909년에는 알파 입자가 두 개의 양전하를 가진 헬륨 원자와 같은 것이라는 사실을 밝혀냈다. 이 결론은 분광기를 이용하여 확인되었다.

러더퍼드와 조교였던 요한 한스 빌헬름 가이거는 방출된 알파 입자의 수를 세는 장치를 고안했다. 알파 입자는 기체를 이온화시킴으로써 전하로 대전된 하나의 전선이 들어 있는 진공관에 알파 입자를 쏘아 넣으면 알파 입자가 이온화시킨 기체를 통해 도선으로 증폭된 전류가 흐르게 되어 곧바로 초당 방출되는 알파 입자의 수를 셀 수 있다. 가이거는 후에 이 방법을 개선하여 방사능을 측정하는 가이거 계수관이라는 장치를 개발했다. 알파 입자가 황화아연 스크린에 부딪혔을 때 섬광을 일으키는 것을 이용하여 러더퍼드는 후에 더 안정한 신틸레이션 계수관으로 발전시켰다.

계속해서 러더퍼드는 그의 가장 중요한 발견이 된 원자의 구조를 밝혀낸 연구를 시작했다. 러더퍼드는 대학생이었던 어니스트 마르스덴에게 금속박 뒤쪽으로 산란하는 알파 입자가 없는지 살펴보라고 제안했다. 알파 입자를 금박 뒤에서 스크린을 향해 쏘았을 때 스크린에 나타나는 상은 흐릿해졌다.

산란   파동이 장애물을 만나 흩어지는 현상

가이거가 개발한 방법을 사용하여 그들은 알파 입자의 대부분이 금속박을 통과한다는 사실을 알아냈다. 이것은 금속박을 이루고 있는 원자들이 거의 빈 공간으로 되어 있다는 사실을 의미했다. 하지만 금박의 무엇인가가 적은 양의 알파 입자를 크게 산란시켰다. 적은 양의 알파 입자는 90도보다 더 큰 각도로 산란되었다. 러더퍼드는 이것은 마치 "15인치의 폭탄을 화장지에 쏘았는데 그것이 다시 튕겨 나오는 것"과 같이 놀라운 일이었다고 묘사했다. 러더퍼드는 알파 입자를 이렇게 매우 큰 각도로 산란시키기 위해서는 밀도가 매우 높은 전하가 일어야 한다고 추정했다.

이 실험 결과는 러더퍼드로 하여금 중심에 밀도가 높은 아주 작은 원자핵이 있고 전자들이 그 주위를 돌고 있는 새로운 원자모델을 제안하게 만들었다.

이전에 톰슨이 제시한 원자모델은 호박떡 안에 건포도가 박혀 있는 것처럼 양전하 속에 음전하를 띤 전자들이 박혀 있는 모형이었다. 하지만 톰슨의 원자모델이 사실이라면 금박을 향해 쏜 알파 입자는 실험을 통해 확인한 것처럼 큰 각도로 산란되지 않고 태양 주위를 도는 혜성처럼 휘어진 경로를 따라 날아가야 했다. 따라서 러더퍼드는 '호박떡' 원자모델을 버리고 후에 덴마크의 물리학자 닐스 헨드릭 데이비드 보어가 다듬은 행성 모델을 만들었다.

러더퍼드의 원자모델은 톰슨의 원자모델보다는 진보된 것이었지만 역학적으로 문제가 있었기 때문에 완벽한 것은 아니었다. 보어는 러더퍼드의 원자모델에 막스 플랑크가 제시한 양자화 가설을 도입한 에너지 궤도를 포함시켜 러더퍼드의 원자모델이 가지고 있던 문제를 해결했다.

1차 세계대전 동안 러더퍼드의 많은 동료들이 군에 입대했다. 러더퍼드 자신도 발명과 연구에 관한 해군 본부 위원회에서 자신의 전문 기술을 이용해 잠수함을 탐지하는 수중 음향 탐지기를 연구해야 했기 때문에 자신의 연구를 잠시 중단해야 했다.

신중한 변화

1919년에 톰슨이 캐번디시의 물리학 교수 자리에서 물러나자 러더퍼드가 그 자리를 이어받았다. 실험실은 그의 지도하에 매우 체계적이고 생산적으로 운영되었다.

러더퍼드는 제임스 채드윅과 가까이 지내면서 핵물리학에 대한 연구를 지속했다. 원자핵은 양으로 대전된 **양성자**와 전하를 가지지 않은 중성자로 구성되어 있다. 원자핵은 원자에서 매우 작은 부분만을 차지하고 있지만 거의 모든 질량이 그곳에 밀집되어 있다. 당시에는 양성자가 아직 발견되기 전이었다.

양성자는 단순히 양전하로 대전된 수소원자다. 러더퍼드와 채드윅은 알파입자를 총알로 사용해 가벼운 여러 원소들을 분해할 수 있다는 사실을 알아냈다. 러더퍼드는 큰 에너지를 가진 알파 입자를 질소 기체 사이로 통과시켰을 때 양성자가 나온다는 사실도 발견했다. 그는 알파 입자가 질소 원자에 흡수되면서 양성자를 방출하고, 그에 따라 질소가 산소의 동위원소로 바뀐다고 추정했다. 질소의 **원자번호**는 7이기 때문에 2개의 양성자를 가지고 있는 알파 입자를 흡수하고

> **양성자** 원자의 원자핵을 구성하고 있는 양전하를 띤 입자
>
> **원자번호** 원자핵에 들어 있는 양성자의 수

하나의 양성자를 잃으면 원자번호가 8인 산소가 만들어진다는 것이다. 이것은 처음으로 한 원소를 다른 원소로 변환시키는 데 성공한 굉장한 실험이었다.

1925년에서 1930년까지 러더퍼드는 런던 왕립협회 회장으로 일했다. 또한 1933년에 그는 독일의 나치 정권으로부터 탈출한 유대인 과학자들을 도와주는 학문원조협회의 회장으로도 일했다. 그는 다른 일로 매우 바빴음에도 불구하고 연구를 계속해 나갔다. 1934년에는 마르쿠스 올리판트, 폴 하트릭과 함께 처음으로 인공적인 핵융합을 성공시켰다. 그는 원자량이 2인 수소의 동위원소인 중수소의 원자핵을 반응시켜 원자량이 3인 수소의 동위원소인 삼중수소를 만들어냈다.

어니스트 러더퍼드는 오랫동안 신경을 쓰지 않고 지냈던 탈장을 고치기 위해 수술을 한 후, 1937년 10월 19일에 세상을 떠났다. 화장된 그의 유해는 웨스트민스터 성당에 묻혔다. 그는 일생 동안 20개가 넘는 명예박사 학위와 왕립학회가 주는 럼퍼드 메달과 코플리 메달을 포함한 많은 메달을 받았다. 그는 영국 정부의 과학과 산업 연구성의 자문위원회 위원장으로도 일했다. 그는 연구나 강의를 하는 것을 쉬지 않으면서도 많은 책과 논문을 발표했다. 러더퍼드는 기사 작위를 수여받았고, 민간인으로서 얻을 수 있는 가장 높은 명예인 메리트 훈장을 받았으며, 넬슨의 러더퍼드 남작이라는 영국의 귀족 신분으로 상승했다.

러더퍼드는 지식의 거장이었다. 그는 자신이 실험을 통해 얻은 결과를 종합하고 그러한 결과물을 이전의 과학자들이 이룩한 업적 위에 더해 물리학을 더욱 크게 발전시켰다. 그는 재능 있는 협력자와 통찰력 있는 동료들과 함께 일할 수 있는 행운을 누렸고 그의 지도

하에 혁명적인 발전을 이룰 수 있었다.

그가 밝혀낸 방사능의 특성은 원자핵물리학이라는 새로운 물리학 분야의 문을 열었다. 그의 발견과 알파 입자를 도구로 사용한 것은 원자 내부 구조를 밝혀낼 수 있는 열쇠가 되었다. 러더퍼드는 성공적으로 방사성 원소의 붕괴 과정을 추론하고 하나의 원소를 다른 원소로 바꾸는 것에 성공하여 원자가 더 이상 쪼개지지 않는다는 오랜 믿음을 깨버렸다.

러더퍼드가 선호했던 알파 입자는 컸기 때문에 알파 입자를 가벼운 원소들의 핵에 충돌시켜 원자핵을 변환시키는 데는 성공했지만 무거운 원소의 핵을 쪼갤 수 있을 만큼 충분한 에너지는 가지고 있지 않았다. 미국의 물리학자 어니스트 올랜도 로렌스는 양성자를 이용하여 원자핵을 연구했다. 양성자는 알파 입자만큼 질량이 크지는 않았지만 **사이클로트론**이라는 장치의 전기장에서 가속시킬 수 있었다. 양성자를 가속시켜 에너지

> **사이클로트론** 전자기장을 이용하여 전하를 띤 입자를 빠른 속도로 가속시키는 장치

를 증가시킴으로써 큰 양전하 때문에 알파 입자가 접근할 수 없었던 무거운 원소의 원자핵을 인공적으로 변환시킬 수 있었다.

러더퍼드는 인생의 마지막 5년 동안 원자핵과 관계된 이러한 기술들이 빠르게 진보하는 것을 지켜볼 수 있었다.

빌헬름 콘래드 뢴트겐Wilhelm Conrad Roentgen(1845~1923)은 1895년에 엑스레이를 발견함으로써 첫 번째 노벨 물리학상을 받았다.

뢴트겐은 독일에 있는 뷔르츠부르크 대학의 물리학 교수로서 1894년에 음극선에 대한 연구를 시작했다. 음극선은 보이지 않는 전자의 흐름으로 진공관에 전기가 방전될 때 나타난다. 유리관의 벽을 황화아연으로 칠하면 전자가 부딪혔을 때 형광을 발한다.

하루는 초록빛 형광이 빛나는 것을 더 잘 보기 위해 연구실을 어둡게 하고 진공관을 검은색 종이로 쌌다. 그는 바륨 시안화백금산염 결정을 칠한 스크린 주변에서 빛이 나는 것을 발견했다. 몇 번의 실험을 더 거친 후, 그는 방사선이 유리, 나무, 사람의 피부와 같은 물질을 통과하여 사진 검판을 감광시키지만 금속과 같은 물질은 통과하지 못한다는 사실을 알게 되었다. 그는 이 신비한 방사선에 '엑스레이'라는 이름을 붙였다.

음극선 진공 방전관 안에서 음극에서 나와 양극으로 흐르는 입자들로, 후에 전자의 흐름이라는 것이 밝혀졌다.

이온화 이온을 만들어내는 과정

프랑스 물리학자 앙투안-헨리 베크렐Antoine Henri Becquerel(1852~1908)은 자연 방사능을 발견한 공로로 1903년에 노벨 물리학상을 받았다. 그는 물질이 빛을 방출하는 형광 현상에 관심을 가지고 있었다. 뢴트겐과 이야기를 나눈 후 베크렐은 엑스레이와 인광 사이에 어떤 관계가 있는지 의문을 가지게 되었다. 그는 빛에 노출된 후 인광을 발하는 우라늄염이 포장된 사진건판을 감광시킨다는 것을 알게 되었다. 포장을 뚫고 사진건판을 감광시킨 우라늄 방사선도 엑스레이처럼 기체를 이온화시키지만 전자기장에서 휘어지지는 않았다. 그는 방사능 현상의 성질을 더 깊게 밝힌 피에르와 마리 퀴리 부부와 공동으로 노벨상을 받았다.

빌헬름 콘래드 뢴트겐이 엑스레이를 발견하던 해에 러더퍼드는 케임브리지로 왔다. 1896년에는 프랑스의 앙투안 앙리 베크렐이 방사능을 발견했다. 케임브리지 대학은 물리 연구 분야에서도 막강한 힘을 과시하고 있었다. 1897년 캐번디시 연구소 소장이었던 톰슨은 기체 내에서의 전류 흐름을 연구하다가 전자를 발견했다. 러더퍼드는 중요한 진보를 위한 준비를 하고 있던 적절한 시기에 그것을 이룰 수 있는 올바른 장소에 오게 된 것이다.

톰슨이 러더퍼드에게 엑스레이와 그것이 기체에 미치는 영향에 대해 연구할 것을 제시한 후 러더퍼드는 곧 엑스레이가 기체 분자를 이온화한다는 사실을 밝혀냈다. 톰슨은 엑스레이가 같은 수의 양이온과 음이온을 발생시킨다는 이온화 이론을 제안했다. 이것은 결국 엑스레이의 존재를 알아보는 진단 테스트가 되었다.

1897년에 러더퍼드는 베크렐이 발견한 우라늄 방사선을 조사했다. 러더퍼드는 우라늄을 알루미늄 호일로 몇 겹 싼 뒤 우라늄 방사선이 호일을 뚫을 수 있는지 조사해 보았다. 그는 우라늄에서 방출되는 방사능에서 알파선과 베타선, 두 가지 종류의 방사선을 발견했다. 알파선은 느리고 투과력이 좋지 못한 반면 베타선은 더 빠르고 투과력이 좋아 공기에 쉽게 흡수되지 않았다.

러더퍼드는 후에 알파 입자가 두 개의 양전하로 이루어져 있다는 사실을 알아냈다(당시에는 중성자가 발견되지 않아 알파 입자가 양성자 두 개 외에 중성자도 두 개 가지고 있는 것을 모르고 있었다). 다른 사람들은 베타 입자가 음전하를 띤 입자라는 것을 알아냈다. 프랑스 과학자 폴 빌라드는 1900년에 세 번째 종류의 방사선인 감마선을 발견하는 공적을 세웠다.

알파 입자 두 개의 양성자와 두 개의 중성자로 이루어진 헬륨 원자핵으로 양전하를 띠고 있으며 방사성 붕괴 시에 나온다.

프리데릭 소디

    프리데릭 소디^{Frederick Soddy}(1877~1956)는 1877년 9월 2일에 영국의 이스트본에서 태어났다. 그는 이스트본 칼리지를 다녔고 그 후 옥스퍼드 대학에 진학했다.

    1900년에 소디는 화학과에 교수 자리가 비었다는 이야기를 전해 듣고 토론토 대학으로 갔다. 그러나 소디가 도착했을 때는 이미 그 자리가 다른 사람에게 주어져 있었기 때문에 결국 그는 몬트리올에 있는 맥길 대학에서 화학 실험 시범을 보이는 일자리에 만족해야 했다. 이때 맥길 대학에 와 있는 러더퍼드와 공동으로 연구하기 시작했다. 그들은 함께 방사성 물질의 성분이 변화되는 방사성 붕괴 과정을 알아냈다.

    1903년 소디는 런던으로 돌아가 옥스퍼드 대학의 머튼 칼리지에서 희유기체를 발견한 윌리엄 램지와 함께 연구했다. 그들은 라듐에서 나오는 기체 방사물을 연구하여 그것이 붕괴될 때 헬륨이 생성된다는 사실을 보였다. 1904년부터 1914년까지 소디는 스코틀랜드의 글래스고 대학에서 물리화학 강사로 일하면서 알파 입자를 방출하면 붕괴된 원소를 2칸 앞당긴다는 사실을 밝혀내 치환법칙을 공식화했다.

    1913년에 그는 방사성 붕괴 계열에서 생성된 몇몇의 원소들은 원자량이 다름에도 불구하고 화학적으로 분류할 수 없다는 사실을 알아냈다. 그는 이렇게 같은 원소지만 다른 원자량을 가진 원소를 '동위원소'라고 불렀다.

    소디는 1914년에 애버딘 대학의 화학 교수로 임명되었고, 그 후 1919년부터 옥스퍼드 대학의 화학 교수로 일하다가 1937년에 퇴임했다.

소디는 1921년에 방사성 물질의 화학적 성질을 밝혀낸 공로와 동위원소의 근원과 성질에 관한 연구에 대한 공로로 노벨 화학상을 받았다. 말년에 소디는 정치와 경제에 관여했다. 그는 1956년 9월 22일에 브라이턴에서 세상을 떠났다.

1871	8월 30일 뉴질랜드의 스프링 그로브에서 출생
1887	뉴질랜드 크라이스트처치에 있는 캔터베리 칼리지에 입학
1892	캔터베리 칼리지에서 문학사 수료
1893	캔터베리에서 수학과 수리물리학 석사 학위를 받음
1894	전자기 방사에 의한 철의 자기화에 대한 연구로 캔터베리 칼리지에서 과학 학사 학위를 받음
1895	영국에 있는 케임브리지 대학의 트리티니 칼리지 장학금을 받고 캐번디시 실험실의 최초 연구 학생이 됨
1896	엑스레이가 기체를 전하를 띤 이온으로 분리한다는 것을 보임
1897	방사능에 대해 연구하기 시작하고 우라늄을 연구하는 동안 알파선과 베타선 발견
1898	캐나다 몬트리올의 맥길 대학 실험물리학 두 번째 맥도날드 교수로 임명
1899	토륨과 그 방사물에 관한 연구 시작
1902	프리데릭 소디와 철학 잡지에 〈방사능의 원인과 성질〉 발표

1904	《방사능》을 출판하고 큰 인기를 얻음 이 책은 곧 명작이 됨. 이 분야의 진보가 매우 빨라 다음 해에 개정판을 출판
1906	《방사능 변화》 출판
1907	맨체스터 대학의 랭워디 물리학 교수로 임명됨
1908	방사선 현상을 연구하여 노벨 화학상 수상
1909	알파 입자의 성질이 두 개의 양전하를 가진 헬륨 원자라는 것을 밝혀냄
1911	원자핵을 발견하고 원자의 행성 모델 제시
1919	케임브리지에서 캐번디시 물리학 교수가 되고 원자핵 안의 양성자를 연구함
1934	마르쿠스 올리판트와 폴 하트릭과 처음으로 융합반응 실험에 성공
1937	수술 후 10월 19일에 영국의 케임브리지에서 세상을 떠난 뒤 런던의 웨스트민스터 성당에 묻힘

마이트너는 오토 한과
함께 원자핵 분열 과정을
발견하여 물리학을
새로운 세계로 이끌었다.

Chapter 5

핵분열 발견으로 물리학의 새 장을 연 과학자,

리제 마이트너

Lise Meitner
(1878~1968)

대부분의 사람들은 직장을 다니면서 계속해서 고통을 받고 어려움을 참아내느니 차라리 직장을 그만두는 것이 낫다고 생각할 것이다. 19세기에 태어나 물리학에 매료되었던 한 여성은 성차별과 인종차별을 겪으며 오랫동안 월급을 받지도 못하고 일을 했고, 자신의 꿈을 이루기 위해 망명생활을 하기도 했다. 하지만 그 오랜 인고의 시간을 보낸 덕분에 그녀는 세계에서 가장 놀라운 발견 중의 하나를 해낼 수 있었다. 그렇지만 불행하게도 그녀가 받았어야 할 최고의 영예인 노벨상은 다른 사람이 가로채고 말았다.

　리제 마이트너는 과학 발전에 크게 기여한 뛰어난 실험물리학자였고 당대의 사람들이 상식적으로 받아들이고 있던 생각의 틀을 깨고자 한 사상가였다. 방사성 원소에 대한 연구의 개척자였던 그녀는 프로타티늄이라는 새로운 원소를 발견했고, 원자핵 분열 과정을 설명하여 원자력 발전과 원자폭탄의 개발을 가능하게 했다.

교육을 받기 위한 투쟁

엘리제 마이트너는 1878년 11월 7일 오스트리아의 빈에서 필립과 해지윅 스코브란 마이트너의 딸로 태어났다. 그녀의 할아버지와 할머니는 모두 유대인이었다. 그러나 그녀의 가족은 유대교를 따르지 않았다.

마이트너의 아버지는 유능한 변호사로, 오스트리아 빈에서 제일가는 유대인 변호사 중 한 사람이었다. 마이트너는 수학과 과학을 좋아하는 뛰어난 학생이었지만 불행히도 당시의 사회적 통념에 따르면 여성은 열네 살까지 공립학교에만 다닐 수 있었다. 그녀는 교사를 양성하는 학교에 등록하여 불어 교사 교육을 받았다. 그러나 마이트너는 학교 교사를 평생의 직업으로 선택하겠다는 생각은 전혀 하지 않았다.

시대는 변하기 시작하고 있었다. 오스트리아의 여러 대학에서 여학생을 받아들이기 시작했다. 여성도 대학 교육을 받을 수 있는 기회가 생겼다는 사실을 알게 된 마이트너는 하늘로 날아오를 듯 좋아했다. 그러나 고등학교에서 대학 입시를 위한 준비 기회가 전혀 없었던 마이트너는 대학 입학시험을 통과하기 위해서 가정교사를 하면서 스스로 공부해야만 했다.

각고의 노력을 기울인 끝에 스물세 살이 되어서야 그녀는 빈 대학에 입학할 수 있었고, 그곳에서 미적분학, 화학 그리고 물리학과 같은 어려운 과목들을 배웠다.

그녀에게 물리학은 매우 매력적이었다. 모든 물리학 강의는 여성에게도 교육의 기회를 주어야 한다고 주장했던 루드비히 에드워드 볼츠만이 가르쳤다. 볼츠만은 마이트너에게 모든 물질은 원자로 이루어져 있다는 원자이론을 소개해 주었다.

1905년에 대학의 모든 과정을 마친 마이트너는 고체의 열전도에 관해 연구하기 시작했다. 1906년에는 박사 학위를 받기 위한 구두시험에 합격했다. 마이트너는 빈에서 물리학 박사 학위를 받은 두 번째 여성이 되었다.

그 당시 물리학을 전공한 사람들이 일자리를 찾기란 쉬운 일이 아니었다. 더구나 물리학을 전공한 여성을 고용하는 곳은 어디에도 없었다. 마이트너는 여자 학교의 교사로 갈 수밖에 없었다. 그러나 밤에는 볼츠만의 뒤를 이어 빈 대학의 물리학과 학과장이 된 스테판 마이어와 함께 방사능에 관한 연구를 계속했다.

원자의 방사성은 10년 전쯤에 이미 발견되어 있었다. 마이트너는 여러 가지 금속박들이 알파선과 베타선을 흡수하는 것을 측정했다. 그녀는 금속 막대 끝에 얇은 알루미늄박이나 금박이 달려 있는 금

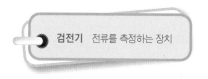
검전기 전류를 측정하는 장치

속박 검전기를 사용했다. 전하를 띠게 되면 금속 막대는 금속박을 밀어냈다. 방사선이 있으면 주변의 공기가 이온화되어 금속 막대나 금속박에 있는 전하가 달아나게 된다. 전하를 띠고 있던 금속박이 원래의 위치로 돌아오는 속도가 방사선의 세기를 나타냈다.

마이트너는 알파 입자가 물질을 통과할 때 산란된다는 사실을 밝혀내는 실험을 최초로 하기도 했다. 그녀는 물질의 원자량이 증가하면 알파 입자의 산란각도가 커진다는 사실을 알아냈다.

베를린의 지하실

볼츠만은 항상 베를린에서 행해지고 있는 연구 활동을 높이 평가했다. 베를린에서 방사능을 연구하기 위해 사용하고 있는 실험장비는 빈의 실험장비보다 훨씬 좋은 것이었다. 마이트너는 부모님에게 베를린에 갈 수 있도록 도와달라고 부탁했다. 결국 그녀는 베를린 대학으로 갈 수 있었지만 독일에서는 여성에 대한 차별이 오스트리아보다 훨씬 심했다. 여자가 막스 플랑크의 강의를 수강하기 위해서는 교수의 특별 허가를 받아야 했다. 어려움은 또 있었다. 마이트너는 실험을 할 수 있는 실험실도 구할 수 없었다.

마이트너는 베를린 대학에서 멀지 않은 곳에 있던 베를린 화학연구소의 화학자였던 오토 한과 친분을 갖게 되었다. 오토 한은 방사성 연구를 함께 진행할 물리학자를 찾고 있던 중이었다. 한과의 친분이 연구소의 소장이었던 에밀 헤르만 피셔까지 연결되었다. 그리고 에밀 헤르만 피셔는 건물 지하에 있는 오래된 작업장을 실험실로 이용할 수 있도록 허락해 주었다. 본관에는 여자가 출입할 수 없었으므로 여자 화장실이 아예 없어 마이트너는 근처 음식점까지 가서 화장실을 사용해야 했다. 2년 후 여성의 교육에 대한 규칙이 바뀐 후에야 피셔는 마이트너에게 2층 실험실을 사용하도록 했고 여자 화장실도 만들어 주었다.

방사성 원소가 분해되거나 붕괴하면 다른 원소로 바뀌면서 방사선을 낸다. 대개 한 가지 형태의 방사성 원소는 붕괴하면 또 다른 방사성 원소를 만들어낸다. 동위원소는 양성자의 수는 같지만 중성자의 수가 다른 원소다. 따라서 원자번호는 같지만 원자량은 다르다. 새로 만들어진 딸 동위원소는 또 다른 동위원소로 붕괴한다. 이런 연속적인 붕괴과정을 계열이라고 부른다.

여러 해 동안 마이트너와 한은 방사성 계열에 속하는 원소들을 찾아내는 연구를 했다. 화학적 지식은 원소를 분석하고 확인하는 데 필요했고, 물리학의 지식은 이 때 나오는 동위원소들을 확인하는 데 필요했다. 두 사람이 함께 연구하는 동안에 이룬 업적 가운데 하나는 총알이 나가는 것과 동시에 총이 뒤로 밀리는 것과 같이, 원소가 붕괴하여 알파 입자를 내놓을 때 원소가 뒤로 밀려나는 것을 이용하여 분열에 의해 새로 만들어진 원소와 원래의 원소를 분리하는 물리적인 방법을 찾아낸 것이었다.

1912년에 카이저 빌헬름 화학연구소(KWI)가 베를린 근교에 있는 말렘에 문을 열었다. 한도 그곳으로 갔다. 그는 후에 그 연구소의 소장이 되었다. 한은 마이트너에게도 그리로 오라고 권했고 마이트너도 화학연구소로 갔다. 그러나 마이트너는 아직 아무런 보수도 받지 못했다. 그 전 해에 아버지도 세상을 떠났기 때문에 그녀는 집으로부터도 더 이상 생활비를 받을 수 없게 되었다. 다행스럽게도 플랑크가 마이트너를 대학의 이론물리연구소 조교로 채용했다. 프러시아 최초의 여성 조교가 된 마이트너의 임무는 플랑크 교수가 가르치는 학생들의 시험지를 채점하는 일이었다.

1년 뒤, 에밀 헤르만 피셔는 마이트너를 오토 한이 있던 자리인 카이저 빌헬름 화학연구소의 연구원으로 임명했다. 이리하여 한과 마이트너는 방사능 연구팀의 공동 책임자가 되었다. 연구소는 새 건물이었기 때문에 방사능으로 오염되었던 이전 실험실과는 달리 매우 깨끗했고, 그 덕분에 아주 미세한 방사능도 정확하게 측정할 수 있었다. 마이트너는 실험실의 청결 상태를 유지하기 위해 여기저기 화장지를 놓아두고 전화기나 문의 손잡이를 잡을 때 화장지로 싸서 잡도록 했다.

1차 세계대전이 일어나자 마이트너는 1915년에서 1917년까지 오스트리아 군대의 엑스선 전문 간호사로 근무하면서 부상 입은 병사들을 치료했다. 한은 독일군을 도와 적에게 사용할 독가스 개발에도 참여했다. 마이트너는 베를린으로 돌아와 연구를 계속했고 한은 시간이 날 때마다 그녀의 연구를 도왔다.

초우라늄 원소

1914년에 프라하 대학에서 마이트너에 게 교수직을 제의했다. 마이트너는 그 제 안에 마음에 들어 프라하 대학으로 자리 를 옮길 것을 고려했다. 하지만 에밀 헤르

만 피셔가 프라하 대학에서 그런 제안을 했다는 사실을 알고는 그녀 가 카이저 빌헬름 화학연구소에 계속 머물도록 하기 위해 월급을 올 려 주었다. 물리학자로서의 능력을 인정받은 마이트너는 1917년에 카이저 빌헬름 화학연구소의 방사능물리학과 책임자가 되었고 다시 월급이 올라갔다. 한은 화학과에 계속 머물러 있었다.

악티늄은 우라늄을 포함하고 있는 광물 속에서 항상 함께 발견되 지만 우라늄의 딸 원소는 아니었다. 마이트너와 한은 함께 악티늄의 모계 원소를 찾기 시작했다.

1918년에 두 사람은 원자번호가 91인 프로탁티늄을 새로 발견 했다고 발표했다. 그 연구 결과는 물리화학 학술지에 〈악티늄의 모 계 원소인 긴 반감기를 가지는 새로운 방사성 원소〉라는 논문으로 발표되었다. 이 연구의 대부분은 마이트너 스스로 해낸 것이었지만, 그녀는 한의 이름을 맨 앞에 올려 대부분의 공을 한에게 돌렸다.

마이트너는 1922년에 베를린 대학에서 강의하는 첫 번째 여성이 되었다. 많은 기자들이 그녀의 첫 번째 강의인 '우주에서의 방사능 의 중요성'을 취재하기 위해 몰려들었다. 1926년에 마이트너는 베

를린 대학의 특별교수로 임명되었지만 아돌프 히틀러가 정권을 잡자 그 자리에서 물러나야 했다.

1924년에는 베를린 과학 아카데미가 주는 라이프니츠 메달을 받았고, 1925년에는 빈 과학 아카데미로부터 이그나츠 리벤 상을 받았다. 마이트너와 한은 1924년부터 1930년대 중반까지 매년 노벨상 후보로 지명되었다. 독립적으로 그녀는 베타선의 성격에 관한 연구를 수행하기도 했다. 그녀는 방사성 붕괴 시에 입자가 나온 후 따라 나오는 방사선은 촉매작용을 한다는 사실을 보여 주기도 했다. 1932년에 중성자가 발견된 후에는 많은 시간 동안 핵을 이루고 있는 입자들에 대해 연구하기도 했다.

1934년에 마이트너는 한과 프리츠 스트라스만이라고 부르는 다른 화학자와 함께 우라늄에 중성자를 충돌시켰을 때 만들어지는 방사성 생성물에 대해 연구하기 시작했다. 초우라늄 원소라고 부르는 우라늄보다 무거운 이 원소들의 존재는 엔리코 페르미가 이미 예상했던 것이었다. 한은 이 원소를 분리하여 새로운 원소를 확인하려고 노력했고 마이트너는 이 원소들의 방사성에 대해 연구했다. 다른 사람들도 초우라늄 원소에 대해 연구하고 있었다. 파리에서는 퀴리가, 반감기가 세 시간 반이며 화학적 성질이 원자번호가 90인 토륨과 비슷한 초우라늄 원소를 발견했다고 발표했다. 이것은 우라늄이 알파 입자를 내놓는다는 사실을 뜻했다. 하지만 마이트너는 그러한 현상이 가능할 수 없다고 생각하고 있었다. 퀴리는 후에 이 새로운 원소가 원자번호가 57인 란탄늄과 비슷한 성질을 가진다고 처음의 주장을 바꿨다. 그러는 동안 한과 스트라스만은 흥미 있는 화학적 성질을 가지고 있는 여러 가지 생성물의 성격을 규명하기 위해 노력하고 있었다.

불가능한 가설

연구소 밖의 세상은 정치적 소용돌이 속에 휘말려들고 있었다.

1933년 히틀러가 독일의 총통이 되었다. 나치는 유대인의 권리와 존엄성을 빼앗아갔다. 마이트너는 유대인이었지만 오스트리아 시민권을 가지고 있었으므로 보호를 받을 수 있었다. 그러나 1938년 독일은 오스트리아를 합병하여 독일의 한 주로 편입했다. 오스트리아가 더 이상 존재하지 않게 되자 마이트너의 시민권도 쓸모없게 되었다. 나치의 경찰이 그녀의 연구와 여행을 방해하기 시작했다. 60세였던 마이트너는 30년 이상 살아온 독일을 탈출하지 않을 수 없었다.

괴팅겐 대학에 있던 네덜란드 물리학자 디르크 코스터가 그녀의 탈출을 돕기 위해 여러 가지로 애를 썼고 자신의 돈을 내놓기도 했다. 1938년 7월 13일에 그녀는 불법적으로 국경을 넘어 네덜란드로 탈출하여 자유를 찾았다. 그녀는 코펜하겐으로 가서 닐스 보어와 함께 머물렀다. 그녀의 조카 오토 로버트 프리쉬가 보어와 함께 일하고 있었지만 그녀는 스웨덴으로 가서 스톡홀름에 있는 노벨 실험 물리학연구소에서 일하고 싶어 했다. 그곳에서 그녀는 노벨상을 수

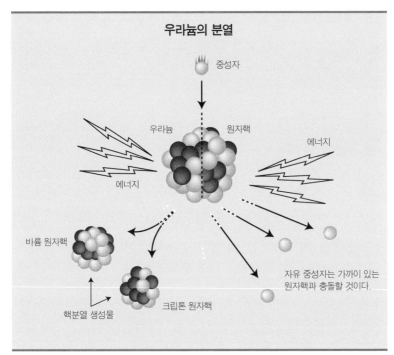

우라늄의 분열

중성자

우라늄   원자핵

에너지

에너지

바륨 원자핵

자유 중성자는 가까이 있는
원자핵과 충돌할 것이다.

핵분열 생성물   크립톤 원자핵

마이트너는 우라늄에 중성자가 충돌하면 우라늄 원자는 작은 원소로 갈라진다고 제안했다. 이
그림에서는 분열 생성물이 바륨과 크립톤이지만 다른 원소가 나올 수도 있다. 이 과정에서는
세 개의 중성자와 많은 양의 에너지가 함께 나온다.

상한 스웨덴 물리학자 칼 만 게오르그 지그반과 함께 연구했다.

마이트너는 갈아입을 옷도 거의 없는 매우 어려운 환경에서 생활
해야 했다. 몇 달이 지난 후에야 한이 우편으로 몇 가지 옷을 보내
주었다. 마이트너는 자신이 갑자기 독일을 떠나기 직전에 시작한 연
구에 대해 한과 긴밀한 연락을 취하고 있었다.

1938년 말의 어느 날, 마이트너의 조카가 그녀를 방문했다. 마이

트너는 한과 스트라스만이 얻은 도저히 이해할 수 없을 것 같은 연구결과에 대해 프리쉬에게 이야기해 주었다.

한과 스트라스만은 우라늄에 중성자를 충돌시켜 라듐 동위원소를 얻었다고 보고했다. 하지만 마이트너는 그 결과를 믿을 수 없어 확신이 설 때까지 실험을 반복해 보라고 요구했다. 그들이 다시 확인해 보니 그것은 라듐과 비슷했지만 사실은 바륨과 화학적으로 분리할 수 없는 원소였다. 우라늄에 중성자를 충돌시켰을 때 나온 원소는 바륨이었던 것이다. 그러나 우라늄의 원자 번호는 92인데 반해 바륨의 원자번호는 56이었다. 따라서 바륨은 붕괴의 산물이 아니었다. 그렇다면 바륨은 어디에서 온 것일까?

마이트너는 우라늄이 바륨과 원자번호가 36인 기체 상태의 크립톤으로 분리된 것이 아닐까 하고 생각했다. 그렇게 되면 양성자의 수는 잘 맞아떨어졌다. 56+39=92! 말도 안 되는 소리였다. 원자가 깨진다? 원자가 깨진다는 사실은 도저히 있을 수 없는 일이었지만 수학적 계산으로는 그럴 수밖에 없었다.

한과 스트라스만은 서둘러서 자신들이 우라늄을 바륨으로 바꾸는 데 성공했다는 논문을 발표했다. 몇 주일 후 마이트너와 프리쉬는 〈중성자에 의한 우라늄의 분해: 새로운 형태의 핵반응〉이라는 논문을 영국의 과학 잡지 〈네이처〉에 발표했다. 이 논문에서 핵분열이라는 말이 처음으로 사용되었다. 우라늄 원자에 중성자를 충돌시키면 바륨과 크립톤 같은 작은 원소로 분열된다. 이 때 세 개의 중성자가 나와 또 다른 핵분열을 일으켜 연쇄반응이 일어나게 한다. 마이트너는 우라늄 원자가 분열할 때 2억 전자볼트나 되는 엄청난 에너지가 나온다는 것을 계산을 통해 밝혔다.

방사능 낙진

안타깝게도 원자핵이 분열한다는 사실을 발견함으로써 원자 폭탄이 만들어지게 되었다. 1945년에 원자폭탄이 히로시마와 나가사키에 투하되었을 때 마이트너는 절망을 느꼈다. 그녀는 자신의 연구가 이렇게 엄청난 파괴력을 가져 오리라고는 생각지도 못했다. 기자들이 마이트너의 집 주위를 맴돌았다. 그녀는 원자폭탄의 설계나 생산에 관계하지 않았다고 강력하게 부인했지만 신문에서는 그녀가 원자폭탄 개발에 은밀히 개입했다고 보도했다. 어떤 신문에서는 그녀가 독일을 탈출할 때 원자폭탄을 독일에서 몰래 가지고 나왔다고 주장하기도 했다.

1944년에 오토 한은 무거운 원소의 분열을 발견한 공로로 노벨 화학상을 혼자서 수상했다. 전쟁 때문에 그는 1946년이 되어서야 공식적으로 상을 받을 수 있었다.

원자핵 분열을 발견한 뒤 한은 마이트너와 공동으로 연구했다는 사실을 부인했다. 나중에 그러한 사실이 탄로 날 경우 그의 명성은 땅에 떨어지기 때문에 한은 더더욱

> **원자핵 분열** 원자가 두 개의 원자핵으로 분열하는 현상. 이 때 질량의 일부가 에너지로 바뀐다.

진실을 감추려고 했다. 전쟁이 끝난 뒤에도 한은 원자핵 발견에 관한 마이트너의 공로를 인정하지 않았다. 한이 마이트너에 대해 언급할 때면, 그는 항상 마이트너가 자신의 조수라고 말하고는 했다. 하지만 마이트너가 1917년에 카이저 빌헬름 화학연구소의 방사능물

리학과 책임자로 임명된 사실만 놓고 보더라도 그것은 말도 안 되는 이야기였다. 그리고 스트라스만도 마이트너가 항상 팀의 지적인 지도자였다고 인정했다. 마이트너는 한이 너무 자주 핵분열 발견에 대한 자신의 공로를 주장하자, 그가 정말 그렇게 믿고 있는 것은 아닌가 하고 의아하게 생각했다.

한과의 관계를 끊기에는 그와 함께한 시간이 너무 길었다. 하지만 한이 끝까지 자신의 공로를 인정하지 않자 마이트너는 깊은 마음의 상처를 입었다. 결국 마이트너는 오토 한이 노벨상을 받을 자격이 있다고 인정했다. 그리고 자신과 스트라스만도 자격이 있다고 믿었다.

뒤늦은 인정

1946년에 마이트너는 워싱턴에 있는 가톨릭 대학의 방문교수로 갔다. 미국에서 그녀는 크게 환영을 받았다. 여러 개의 명예박사 학위가 주어졌고, '올해의 여성'으로 뽑혀 트루먼 대통령 오른쪽에 앉아 자신의 이름이 새겨진 은잔을 수여받기도 했다.

스톡홀름으로 돌아온 후 그녀는 노벨 연구소에서 은퇴하고 왕립 기술연구소로 자리를 옮겼다. 다음 해에 그녀는 한, 스트라스만과 함께 막스 플랑크 메달을 받았다. 이 메달은 마이트너에게 특별한 의미를 지니고 있었다. 그녀는 플랑크 교수를 매우 존경했고 좋은 관계를 유지했기 때문이었다.

1966년에 미국 원자력위원회는 세 사람에게 엔리코 페르미 메달을 수여했다. 이것은 미국인이 아닌 사람에게 이 상이 수여된 첫 번째 경우였고, 여성에게 이 상에 주어지는 첫 번째 사건이었다. 이 무렵 마이트너는 건강이 나빠져 있었다. 때문에 그녀는 상을 받으러 미국에 갈 수 없었다. 그때 그녀는 영국의 케임브리지에서 조카와 함께 살고 있었다. 1960년에 심장마비를 일으켜 고통을 받은 적이 있던 마이트너는 1967년에 여러 번의 심장 발작을 일으켜 전혀 말을 할 수 없게 되었다. 그녀는 90번째 생일을 이 주일 앞둔 1968년 10월 27일 평화롭게 세상을 떠났다. 그녀가 원했던 대로 장례식은 조용히 조촐하게 치러졌다. 프리쉬는 그녀의 묘비에 '인간성을 잃지 않은 물리학자'라고 새겼다.

리제 마이트너의 물리학은 대단히 높은 수준에 도달해 있었기 때문에 그녀는 미국학술원, 런던왕립협회를 포함한 많은 학술단체의 회원으로 선출되었다. 그녀는 150편의 과학 논문을 발표했다. 그녀에게 수여된 많은 상들이 그녀에게 어느 정도의 즐거움을 준 것은 사실이었겠지만 마이트너는 상이나 영예를 얻기 위해서 물리학을 연구했던 것이 아니었다. 그녀는 자연을 이해하고 싶다는 순수한 동기에서 물리학을 공부하고 연구했다. 따라서 그녀가 얻을 수 있었던 가장 큰 보람과 즐거움은 연구를 통해 알아낸 새로운 지식 그 자체였다.

그녀는 일생 동안 꾸준히 자연에 대한 새로운 지식을 추구함으로써 새로운 원소를 발견했고, 원자가 더 작은 원자들로 분열한다는 사실을 밝혀냈으며 그러한 원자 분열이 일어나는 과정을 설명할 수 있었다.

그녀는 다른 사람보다 훨씬 더 많은 어려움을 이겨내야 했다. 여자로서 대학 교육을 받기 위한 투쟁, 그녀가 배운 분야에서 직장을 구할 수 없었던 어려움, 남자의 세계인 과학계에서 인정받기 위한 노력, 유대인 조상 때문에 겪어야 했던 차별과 고통은 일부에 지나지 않았다. 무엇보다 견디기 힘들었던 어려움은 그녀를 인정하고 그녀에게 고마워해야 할 가장 가까운 친구이자 동료가 그녀의 공헌을 인정하지 않고 무시한 것이었다. 그러나 마이트너는 노벨상을 받지 못한 것에 대해 단 한 번도 공개적으로 불평하지 않았다. 대신에 그녀는 자신의 생애와 에너지를 친구와 가족들을 즐겁게 하는 데 사용했으며 무엇보다도 자연에 대한 지식을 추구하는 데 바쳤다.

1982년 독일 담스타트에 있는 중이온연구소의 물리학자들은 비스무스 209에 철 58을 충돌시켜 원자번호가 109인 새로운 원소를 만들어냈다. 그들은 이 원소를 마이트너를 기념하기 위해 마이트너륨이라고 이름 지었다.

볼츠만의 업적

오스트리아의 이론물리학자 루드비히 에드워드 볼츠만^{Ludwing Eduard} Boltzmann(1844~1906)은 여성 물리학도였던 마이트너를 처음으로 후원해 준 은인이자 그녀에게 물리학에 대한 사랑을 심어 준 사람이었다.

볼츠만은 엔트로피를 설명하기 위해 분자 상태에 수학적 확률을 적용한 과학자였다. 그는 자연계가 무질서를 향해 변해 간다는 것을 나타내는 볼츠만 방정식을 제안했다. 이 방정식에 들어 있는 볼츠만 상수는 입자들의 운동에너지와 절대 온도를 연결해 주었다.

> **절대 온도** 절대 0도를 기준으로 측정한 온도.
>
> ▶절대영도 : 물질이 전혀 열을 가지고 있는 상태의 온도로 분자들의 운동이 정지되는 온도이다. 이론적으로는 -273.15℃가 절대영도이다.

볼츠만은 제임스 클라크 맥스웰과 함께 기체운동론을 발전시킨 사람으로 인정받고 있다. 볼츠만은 복사선에 관한 연구에도 크게 공헌했다. 그리고 오스트리아 물리학자 조셉 스테판과 함께 스테판-볼츠만 법칙을 발견했다. 스테판-볼츠만 법칙은 물체가 내는 복사 에너지의 양은 절대 온도의 네제곱에 비례한다는 것이다.

40년 동안 볼츠만은 모든 물체는 원자로 이루어져 있다는 원자론을 다른 과학자들이 받아들이게 하려고 애썼다. 실제로 그의 그러한 노력은 단순히 원자론을 받아들이게 하는 것 이상의 의미를 지니고 있었다.

또한 그는 눈으로 확인할 수 없는 진리를 연구하고 가정을 바탕으로 이론을 만드는 것도 유용한 방법이라는 것을 인정받기 위해 싸웠다. 당시 빈 대학에는 눈으로 관측할 수 없는 것은 인정할 수 없다고 강경하게 주장하는 학자들이 많이 있었기 때문이었다. 예를 들어 원자는 관측이 가능하지는 않지만 과학에서 중요한 역할을 한다. 실험은 어떤 사실이 옳다는 것을 증명하는 역할도 하지만 어떤 이론이 틀렸다는 사실을 증명하는 역할도 한다.

볼츠만의 주장에 반대하는 사람들인 논리적 인식론자들은, 과학은 직접적으로 관측할 수 있는 것만 다루어야 한다고 주장했다. 그들은 지식이 감각적으로 확인된 자료나 실험적 증명을 통해서만 얻을 수 있다고 생각했다.

연 대 기

1878	11월 7일에 오스트리아 빈에서 출생
1901	빈 대학에 입학
1906	빈 대학 물리학과에서 물리학 박사 학위를 받음
1907	독일의 베를린으로 이사하여 오토 한과 베를린 화학연구소에서 근무
1912	독일 달람에 있는 카이저 빌헬름 화학연구소에서 연구 시작 베를린 대학의 이론물리학연구소 막스 플랑크 교수의 조교로 채용됨
1913	카이저 빌헬름 화학연구소의 연구원으로 근무
1915~17	1차 세계대전 동안 오스트리아 군의 엑스선 간호사로 근무
1917	카이저 빌헬름 화학연구소에 새로 개설된 방사능물리학과 책임자로 근무
1918	한과 함께 악티늄의 모계 원소인 원자번호 91번 프로탁티늄 발견
1922	베를린 대학 최초의 여성 강사가 됨
1926	베를린 대학의 특별교수가 됨

1934	한, 프리츠 스트라스만과 함께 우라늄에 중성자를 충돌시켰을 나오는 생성물을 조사하기 시작
1938	나치 정권을 피해 스웨덴으로 망명하여 스톡홀름에 있는 노벨 이론물리학연구소에서 연구 시작
1939	조카 오토 로버트 프리쉬와 함께 핵분열을 설명한 〈중성자에 의한 우라늄 원소의 분열: 새로운 형태의 핵반응〉이라는 논문을 〈네이처〉지에 발표
1943	원자 폭탄 제조를 도와달라는 미국의 요청 거절
1944	한이 비밀리에 원자핵 분열을 발견한 공로로 노벨 화학상 수상자로 정해짐
1946	미국 워싱턴에 있는 가톨릭 대학의 방문교수가 됨
1947	노벨 연구소를 은퇴하고 스웨덴 왕립기술연구소로 이동
1953	스웨덴 왕립기술연구소에서 은퇴
1968	10월 27일 영국 케임브리지에서 세상을 떠남
1982	독일의 중이온연구소에서 원자번호 109인 원소에 그녀를 기념해서 마이트너륨이라는 이름을 붙임

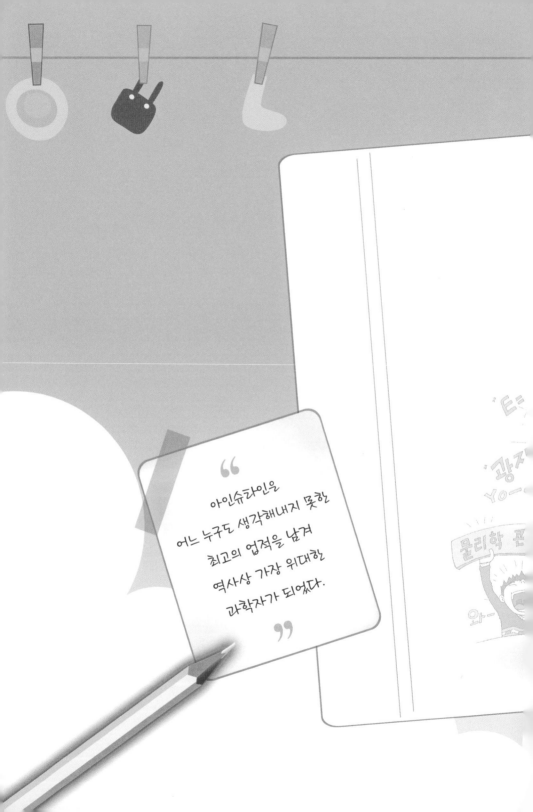

66

아인슈라인은
어느 누구도 생각해내지 못한
최고의 업적을 남겨
역사상 가장 위대한
과학자가 되었다.

99

Chapter 6

과학의 오랜 상식을 깨뜨린 선구적인 물리학자,

알베르트 아인슈타인

Albert Einstein
(1879~1955)

오늘날 아인슈타인이라는 이름은 천재라는 의미로 사용되고 있다. 19세기 말에 독일에서 태어난 알베르트 아인슈타인은 물리학자들이 우주를 보는 방법과 관점을 완전히 바꿔 놓았다. 아인슈타인은 상대성이론을 발견해 널리 알려졌으며 상대성이론에는 $E=mc^2$이라는 유명한 식도 포함되어 있다. 하지만 1921년에 그가 받은 노벨 물리학상은 광전효과를 연구한 공로로 받은 것이다. 아인슈타인는 아이작 뉴턴 이래 가장 위대한 과학자라고 여겨지지만 아마 역사상 가장 위대한 과학자라고 해도 좋을 것이다.

늦은 시작

알베르트 아인슈타인은 1879년 3월 14일 독일의 울름에서 헤르만과 파울린 코흐 아인슈타인의 아들로 태어났다. 아인슈타인의 가족은 1880년 뮌헨으로 이사해 전자 부품을 취급하는 사업을 시작했다. 아인슈타인 가족은 삼촌 제이콥과 같이 살았는데 제이콥은 어린 아인슈타인을 위해 과학에 관한 책을 집으로 가져 오곤 했다.

세 살이 될 때까지 전혀 말을 할 줄 몰랐던 아인슈타인이지만 여섯 살이 되었을 때는 말하는 것에 아무런 어려움을 느끼지 않을 만큼 잘하게 되었다.

아인슈타인 가족은 유대인이었지만 그다지 종교적이지는 않아서 다섯 살이 된 아인슈타인을 가톨릭 학교에 입학시켰다. 아인슈타인이 열 살이 되었을 때는 우리나라의 고등학교에 해당하는 루이트폴드 김나지움에 진학했다. 그는 엄격한 학교 교육을 싫어했지만, 혼자서 공부하여 성적은 좋은 편이었다. 가끔씩 저녁 식사를 함께 했던 의과대학 학생이 아인슈타인에게 과학 관련 도서를 가져다주었고 과학에 대한 이야기도 들려주었다. 아인슈타인은 바이올린 연주법을 배우기도 했는데 일생 동안 음악은 그에게 큰 위안이 되었다.

1894년 뮌헨에서의 사업이 실패로 돌아가자 아인슈타인 가족은 이탈리아의 밀라노로 이사를 갔다가 다시 파비야로 옮겼다. 학교를 마치기 위해 뮌헨의 친척집에 남아 있던 아인슈타인은 학교를 그만 두기로 결심했다. 그래서 교장선생님에게 학교를 그만 두겠다고 말하자 교장선생님은 정신분열증을 이유로 퇴학시켰다. 이유가 무엇이었든 그는 졸업장을 받지 못하고 학교를 떠나 이탈리아로 갔다.

독일을 떠난 후 아인슈타인은 독일 국적을 포기했기 때문에 후에 징병 문제로 체포당하지 않고 독일로 다시 돌아올 수 있었다. 그는 가족과 만나 전기, 자기 그리고 에테르와의 관계에 대해 공부하면서 일 년을 보냈다. 그 당시에는 전자기파를 전달해 주는 에테르라는 매질이 공간을 가득 채우고 있다고 알려져 있었다.

아인슈타인은 당시 유럽에서 가장 좋은 공과대학이었던 스위스 연방공과대학에 입학하기 위한 입시 공부를 시작했다. 그러나 첫 번째 시도에서는 성공하지 못했다. 수학과 물리학 성적은 뛰어났지만 전체적인 성적은 좋지 않았다. 아인슈타인은 근처에 있는 아라우 캔튼 학교에 등록했다가 다음 해에 공과대학에 입학했다.

그의 아버지는 아인슈타인이 공과대학에 다닌 후 가족이 경영하던 전기사업을 이어받기를 원했다. 그러나 아인슈타인은 공학 분야가 아니라 기초과학 분야의 과목을 전공했다.

아인슈타인은 물리 실험실에서 이것저것 만지는 것을 좋아했지만 가끔 강의에 결석하고 출석한다고 해도 강의에 싫증을 느껴 산만하게 행동했다. 친구들이 강의 노트를 빌려준 덕분에 겨우 낙제를 면할 수는 있었지만 대학 생활에 충실하지 못했던 그는 졸업할 때 교수들로부터 대학원 진학 추천서를 받을 수 없었다.

1900년에 대학을 졸업할 때 그는 중학교 교사 자격증을 받았고, 혼자서 물리학과 박사과정을 위한 이론 연구를 해 나갔으며 스위스 시민권을 얻었다.

그는 공과대학을 다니는 동안 만난 리투아니아 출신의 마리 밀레바와 결혼하기 위해 안정적인 직장을 구하고 싶어 했다. 하지만 당시의 그는 개인 교사로 일하면서 여러 교육기관의 임시 강사로 일하던 중이었다. 1902년에 마리는 딸 리젤을 낳았지만 그녀의 부모는 결혼도 하기 전에 딸을 낳았다는 사실이 사람들에게 알려지는 것을 염려하여 리젤을 다른 사람의 양녀로 보내도록 했다. 같은 해에 아인슈타인은 베른에 있는 스위스 연방 특허사무소에 취직했다. 그에게 맡겨진 일은 새로 발명한 전기기구의 특허 신청을 검토하는 일이었다. 직장을 구한 아인슈타인은 다음 해인 1903년에 마리 밀레바와 결혼했다. 1904년에는 큰아들 한스 알베르트를 낳았고, 1910년에는 작은아들 에드워드를 낳았다.

특허사무소에서 일하는 동안 그는 과학 도서관에 쉽게 드나들 수 있었고 일이 많지 않았기 때문에 생각할 수 있는 충분한 시간을 가질 수 있었다. 그 결과 아인슈타인은 혼자 공부하여 취리히 대학에서 박사 학위를 받았다. 1905년에 〈물리학 연대기〉에 실린 그의 박사 학위 논문 제목은 〈분자 크기의 새로운 결정방법〉으로 분자의 크기를 측정하는 새로운 방법을 소개하는 내용을 담고 있었다. 1906년에 그는 특허사무소에서 기술 전문가로 승진했다.

빛의 이중성

아인슈타인의 박사 학위 논문은 1905년에 발표한 여러 편의 논문 중에서 두 번째 논문의 내용을 담고 있었다. 1905년은 아인슈타인이 〈물리학 연대기〉에 여러 편의 논문을 발표하여 물리학의 기초를 바꿔 놓은 해였다. 첫 번째 논문은 빛이 입자와 파동의 이중성을 가진다는 내용을 담은 것이었다.

17세기에 네덜란드의 물리학자 크리스천 호이겐스는 처음으로 빛이 파동이며 에테르라는 무게가 없는 공기와 비슷한 매질을 통해 전달된다고 제안했다. 1704년에 영국의 물리학자 뉴턴은《광학》을 출판했다. 이 책에서 뉴턴은 빛이 작은 입자라라는 입자설을 주장했다. 그 후 스코틀랜드의 물리학자 제임스 클라크 맥스웰과 독일의 물리학자 하인리히 루돌프 헤르츠는 빛의 파동설을 더욱 발전시켜 빛은 파동 중에서도 전자기파라는 사실을 밝혀냈다.

그러나 빛을 전파시키는 매질인 에테르가 실제로 존재한다는 증거는 어디에서도 찾을 수 없었다. 하지만 파동은 매질을 통해서 에너지가 전달되는 것임으로 매질이 없으면 전파될 수 없었다. 따라서 빛이 파동이라면 빛이 전파되는 매질인 에테르가 존재해야 했다.

1887년에 미국의 앨버트 마이컬슨과 에드워드 몰리는 에테르가 존재한다는 사실을 증명하기 위해 정밀한 실험을 했다. 그러나 그들의 기대와는 달리 실험결과는 에테르가 존재하지 않음을 보여 주었다. 혼란스러워진 물리학자들은 빛이 무엇인지 그리고 빛이 어떻게 전파되는지 자신 있게 설명할 수가 없었다.

1900년에 독일의 물리학자 막스 플랑크는 빛이 양자라는 일정한 크기의 에너지 덩어리로 방출된다는 것을 발견하여 양자이론을 제안했다. 플랑크는 에너지 알갱이인 양자의 크기와 빛의 파장 또는 진동수 사이의 관계를 밝혀냈다.

아인슈타인은 플랑크의 양자이론을 이용하여 금속에 빛을 쪼일

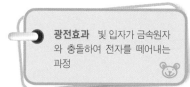

광전효과 빛 입자가 금속원자와 충돌하여 전자를 떼어내는 과정

때 전자가 튀어 나오는 **광전효과**를 설명했다. 더 밝은 빛은 금속 원자들로부터 더 많은 전자가 나오도록 했지만 전자의 에너지는 모두 같았다. 이것은 고전 이론이 예측한 것과는 다른 것이었다. 진동수가 큰 빛(파장이 짧은 빛)을 금속에 비추면 큰 에너지를 가진 전자가 나왔다. 아인슈타인은 만약 빛을 플랑크가 제안한 것과 같은 에너지 알갱이(후에 광자라고 부름)라고 가정하면 이런 현상을 설명할 수 있다고 주장했다. 그리고 자신의 논문 〈빛의 전환과 생성에 대한 새로운 관점〉에서 빛은 파동과 입자로 취급될 수 있음을 수학적으로 증명했다.

특정한 색깔의 빛은 측정 가능한 파장을 가지고 있고 동시에 일정한 크기의 에너지를 가지고 있다. 빛은 입자처럼 행동하기 때문에

전파되기 위한 매질이 필요 없다.

많은 과학자들은 플랑크의 양자이론이 널리 받아들여지기 전까지는 아인슈타인의 이론을 받아들이려고 하지 않았다. 1921년에 광전효과를 설명한 공로로 아인슈타인은 노벨 물리학상을 받았다.

브라운 운동

1905년에 아인슈타인이 발표한 두 번째 논문인 〈열의 분자 운동론에 의한 정지해 있는 액체 속에 떠 있는 작은 입자들의 운동에 대하여〉도 〈물리학 연대기〉에 발표되었다.

1828년에 스코틀랜드의 식물학자 로버트 브라운은 물속에 떠 있는 꽃가루의 불규칙한 운동에 대하여 설명했다. 처음 그는 이것이 꽃가루 속에 들어 있는 생명력에 의한 운동이라고 생각했다. 후에는 '브라운 운동'이라고 부르게 되었으며 이런 운동이 염색 물질과 같이 생명이 없는 알갱이에서도 나타난다는 사실을 알게 되었다. 하지만 수십 년 동안 어떤 과학자도 이런 연속적인 운동에 대해서 정확하게 설명할 수 없었다. 그러나 아인슈타인은 이 운동을 설명할 수 있었을 뿐만 아니라 이것을 통해 분자의 존재를 증명했다.

아인슈타인은 액체 속에 떠 있는 입자들에 액체 분자들이 사방에서 끊임없이 충돌한다고 설명했다. 큰 물체는 움직이지 않지만 꽃가루같이 작은 입자들은 한쪽에 다른 쪽보다 많은 수의 액체 분자가 충돌하면 그 힘의 차이로 인해 조금씩 움직이게 되는 것이다. 이렇게 작은 입자에 작용하는 압력의 차이가 액체 속에 떠 있는 입자를 브라운이 설명했던 것과 같이 이리저리 불규칙하게 움직이게 한다는 것이다.

큰 분자는 입자들을 더 크게 움직이게 할 수 있을 것이기 때문에 아인슈타인은 관측된 효과를 바탕으로 분자의 평균적 크기를 계산할 수 있었다. 그리고 일정한 크기의 액체나 기체 속에 들어 있는 분자의 수를 계산할 수도 있었다.

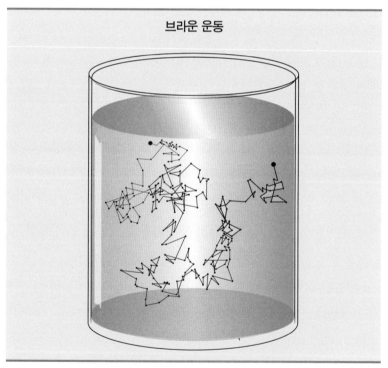

브라운 운동

액체 속에 떠 있는 입자들의 불규칙한 운동은 액체 분자와의 충돌에 의한 것이다.

아인슈타인이 논문을 발표하고 몇 년이 지난 후에 프랑스의 물리학자 장 밥티스트 페린은 아인슈타인의 이론적 계산이 옳다는 것을 증명하는 실험을 했고 따라서 물리적인 방법으로 원자가 존재한다는 사실을 증명했다.

모든 것은 상대적이다

빛의 성격을 규정하고 원자의 존재를 증명하는 것만으로는 만족할 수 없다는 듯이 아인슈타인은 이런 생각들을 종합하여 1905년에 세상을 발칵 뒤집어 놓은 〈움직이는 물체의 **전자기학**〉이라는 논문을 발표했다. 그는 우리가 확실하게 안다는 것이 무엇일까를 생각하는 것으로부터 논문을 시작했다. 아는 것이 아무것도 없을지도 모른다는 생각이 아인슈타인을 미치게 만들 것 같았다. 이런 문제로 괴로워하던 어느 날 그에게 특수상대성이론이 떠올랐다. 그는 시간과 공간에 관한 개념은 우리의 경험과의 관계 속에서만 의미가 있다는 생각을 하게 되었다. 다시 말해 사람들은 다른 것과의 관계 속에서, 그리고 다른 것과의 비교를 통해 사물을 알아간다는 것이다.

17세기에 뉴턴은 시간과 공간이 절대적이고 움직일 수 없는 기준계라고 가정했다. 기준계는 관측자가 사건을 관측할 때 관측자의 위치와 속도를 측정할 수 있도록 해 준다. 예를 들어 비행기 안에 앉아

> **전자기학** 전류에 의해 유도된 자기장 또는 전기와 자기를 다루는 물리학의 한 분야

서 승무원이 복도로 카트를 밀고 오는 것을 관측하는 사람은 자신은 정지해 있어서 카트가 다가오는 속도를 측정할 수 있을 것이라고 생각할 것이다. 그러나 땅에서 머리 위로 날아가는 비행기를 바라보고 있는 사람은 비행기와 함께 의자에 앉아 있는 사람을 포함해 비행기 안의 모든 사람이 움직이고 있다고 생각할 것이다. 비행기가 얼마나 빨리 날아가는지를 측정하는 기준계는 땅 위에 정지해 있는 그 사람의 몸이다. 그러나 우주 공간에서 보면 땅 위에 서 있는 사람도 지구가 태양을 공전하고 자신의 축을 따라 자전할 때 같이 움직이고 있는 것처럼 보일 것이다. 뉴턴은 공간은 움직이지 않는 기준계여서 공간을 기준으로 모든 물체의 운동을 측정할 수 있을 것이라고 생각했다. 이러한 생각은 대부분의 계산에서 매우 유용하지만 빛의 속도를 측정할 때는 문제가 발생한다.

빛의 속도를 계산할 때는 관측자의 움직임이나 빛을 내는 물체의 움직임에 영향을 받을까? 1887년에 앨버트 마이컬슨과 에드워드 몰리는 지구의 회전 속도가 빛의 속도에 주는 영향을 측정하려고 시도했다. 간단하게 말해 그들은 지구가 회전하는 방향으로 전파되는 빛의 속도와 지구가 회전하는 방향과 수직한 방향으로 전파되는 빛의 속도를 측정하여 그 차이를 비교해 보려고 하였다. 놀랍게도 두 방향으로 전파되는 빛의 속도는 같았다. 마이컬슨과 몰리의 실험 결과를 보고 아인슈타인은 빛을 내는 물체의 속도에 관계없이 진공 속에서의 빛의 속도는 같다고 가정했다. 그리고 빛은 입자처럼 전파되기 때문에 빛이 전파되는 데는 매질인 에테르가 필요 없다고 생각했다. 에테르가 없어지니까 절대적인 공간이 없어지게 되었고 따라서 절대적인 좌표계 역할을 할 수 있는 것이 아무것도 없게 되었다. 이 단계에서 아인슈타인은 단지 가속되지 않는 등속도 운동만을 생각했다. 이 이론을 특수상대성이론이라고 부르는 것은 이 때문이다.

모든 운동은 상대적이라는 가정은 시간 역시 상대적이라는 결론을 이끌어냈다. 아인슈타인은 빛의 속도에 가까워지면 시간이 천천히 간다고 했다. 이런 생각은 그가 전차를 타고 가면서 시계탑을 보았을 때 떠올랐다. 만약 그가 빛의 속도로 달린다면 시계바늘은 멈추어 있는 것처럼 보일 것이다. 그러나 그의 주머니 속의 시계는 계속 가고 있을 것이다. 매우 빠른 속도로 운동하고 있는 기준계에서는 시간이 천천히 간다. 공간과 마찬가지로 시간도 관측자의 기준계에 따라 다르다는 것이다. 시간은 상대적이고, 공간과 긴밀하게 연결되어 있다. '여기'를 말하지 않고는 '현재'라는 말을 할 수 없게 된 것이다. 시간과 공간 모두가 기준계가 정해졌을 때만 의미를 가지게 된 것이다.

특수상대성이론은 물리학의 많은 부분을 바꿔 놓았다. 그중에 하나가 빛은 질량을 가지고 있지 않은 에너지라는 것이다. 물체의 속도가 빛의 속도에 가까이 다가가면 물체의 질량은 증가한다. 따라서 더 빨리 움직이기 위해서는 더 많은 에너지가 필요하다. 빛 입자인 광자는 질량을 모두 없애 버리고 순수한 에너지 입자가 되어 날아간다. 아인슈타인은 질량과 에너지 사이의 관계를 나타내는 가장 널리 알려진 새로운 식, $E = mc^2$을 제안했다. 이 식에서 E는 에너지를 나타내고 m은 질량을 나타내며 c는 빛의 속도를 나타낸다. 이 식의 가장 중요한 의미는 질량이 압축된 에너지라는 것이다. 질량은 에너지로 변환될 수 있다. 그리고 작은 양의 질량도 아주 큰 에너지를 포함하고 있다. 원자력 발전과 원자폭탄은 모두 이 원리를 이용한 것이다.

사람들이 아인슈타인의 이론을 이해하는 데는 시간이 필요했다. 1908년 공과대학 시절 아인슈타인의 스승 중 한 사람이었던 헤르만 민코프스키는 아인슈타인의 이론을 새로운 시공간의 개념으로 발전시켰다. 지난 1907년 아인슈타인이 베른 대학에 논문을 제출하면서 교수자리를 찾고 있을 때 민코프스키는 그를 거절한 적이 있었다. 그러나 시공간에 대한 민코프스키의 설명으로 아인슈타인의 이론을 이해하는 사람들이 많아졌고 아인슈타인의 천재성을 알아보게 되었다.

더 일반적으로

다음 여러 해 동안 아인슈타인은 더 권위 있는 자리로 점차 올라섰다. 1908년에 아인슈타인은 베른 대학의 무급 강사(무급 강사는 대학에서 월급을 받지 않고 학생들이 내는 수강료를 받아 생활했다)가 되었다. 다음 해에는 취리히 대학의 부교수가 되었다. 1911년에는 프라하에 있는 독일 대학의 교수가 되었다. 1914년부터 1933년까지 아인슈타인은 카이저 빌헬름 물리학연구소 소장과 베를린 대학의 교수를 지냈고 베를린 과학아카데미의 회원이 되었다.

특수상대성이론을 제안한 이후 아인슈타인은 움직이는 물체를 다른 움직이는 물체와의 관계 속에서 생각하게 되었다. 아인슈타인은 1916년에 〈물리학 연대기〉에 〈일반상대성이론의 기초〉라는 논문을 발표했다. 뉴턴의 만유인력 법칙은 대부분의 물리적인 현상을 설명할 수 있지만 우주처럼 거대한 크기에서는 잘 맞지 않는다는 것이 밝혀졌다. 아인슈타인의 일반상대성이론은 이러한 문제를 해결했고 특수상대성이론에 가해졌던, 같은 속도로 움직이는 계라는 제한을 없앴다.

일반상대성이론의 핵심은 등가원리라고 할 수 있다. 이 원리는 아인슈타인의 유명한 사고 실험을 통해 설명할 수 있다.

사고실험이란 실제로 실험을 해 볼 수 없는 실험을 머릿속으로 상황을 설정한 후 논리적으로 추정하는 실험이다. 예를 들어 자유낙하하고 있는 엘리베이터에 타고 있는 사람이 공을 들고 있다가 놓으면 공은 바닥으로 떨어지지 않고 그대로 떠 있을 것이다. 이것은 지구가 엘리베이터와 공을 같은 비율로 잡아당기고 있기 때문이다. 만약 엘리베이터 안에 있던 사람이 중력이 작용하지 않는 우주 공간에 있다가 들고 있던 공을 놓아도 공은 자유낙하하는 엘리베이터에서처럼 공중에 떠 있을 것이다. 그러나 엘리베이터가 올라가고 있을 때 공을 놓으면 공은 바닥으로 떨어질 것이다. 엘리베이터 안에 있는 사람은 엘리베이터가 위로 가속되고 있어서 공이 바닥으로 떨어진 것인지 아니면 중력 때문에 떨어진 것인지 알 수 있는 방법이 없다는 것이다. 다시 말해 기준계의 가속과 중력장 사이에는 아무런 차이가 없다는 말이다.

뉴턴의 만유인력은 중력을 물체 사이에 작용하는 힘이라고 설명하는 반면에 아인슈타인은 물체를 둘러싸고 있는 휘어진 공간의 작용이라고 설명한다. 다시 말해 중력은 공간을 휘게 만든다. 아인슈타인의 일반상대성이론은 입자처럼 행동하는 빛은 중력장을 지나갈 때 휘어진다고 예측한다. 빛의 속도는 모든 속도 중에서 가장 빠른 속도이고 두 지점 사이의 최단거리를 지나간다. 그런데 휘어진 공간에서는 최단거리가 직선이 아니라 곡선이 된다.

휘어진 시공간의 개념을 설명하기 위해서 그릇 입구를 막고 있는 얇은 고무판을 생각해 보자. 빛을 의미하는 조약돌 크기의 공이 고무판 위를 직선으로 굴러 갈 수 있다. 그러나 태양을 뜻하는 무거운 공이 고무판 한가운데 놓여 있으면 이 공이 시공간을 뜻하는 고무판을 휘어 놓을 것이다. 작은 공이 큰 공 주위를 지나가게 되면 작은 공은 휘어진 길을 지나갈 것이다. 마찬가지로 빛이 태양 곁을 지나갈 때 빛은 휘어 갈 것이다.

아인슈타인의 이론에 의하면 태양에서 가장 가까운 위치에 있어서 태양의 중력을 가장 크게 받고 있는 수성의 비정상적인 궤도 운동을 설명할 수 있다. 그러나 1919년까지는 일반상대성이론을 지지하는 실험적 증거를 찾을 수 없었다. 그때쯤 아인슈타인의 육체는 지칠 대로 지쳐 있었다. 몸을 돌보지 않고 연구에만 매달렸던 아인슈타인은 자신을 돌보아 준 사촌 엘자의 집으로 이사했다. 그리고는 곧 첫 번째 부인과 이혼하고 엘자와 재혼했다.

1919년 11월에 왕립협회와 왕립천문학회가 공동으로 개최한 회의에서 천체물리학자 아서 스탠리 에딩턴은 아프리카 서부 해안에 있는 기니아 만의 프린시페 섬에서 찍은 일식 사진으로 일반상대성이론이 옳다는 증거를 제시했다. 태양 빛 때문에 보이지 않던 별들을 개기일식 때는 볼 수 있게 된다. 일식 동안에 찍은 별들의 위치를 6개월 전 태양이 하늘의 반대편에 있을 때 같은 곳을 찍은 사진 속 별들의 위치와 비교했다. 별들의 위치는 달라져 있었다. 물론 실제로 일어난 일은 별빛이 태양 곁을 지나오는 동안 휘어져 왔던 것이다. 아인슈타인은 자신의 예상이 실제 관측결과와 일치하는 즐거움

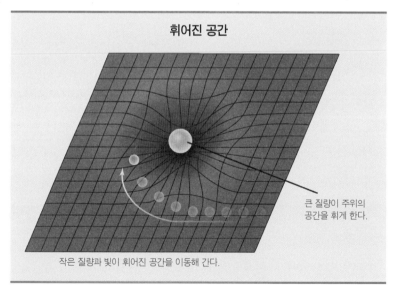

휘어진 공간

큰 질량이 주위의 공간을 휘게 한다.

작은 질량과 빛이 휘어진 공간을 이동해 간다.

일반상대성이론은 중력이 공간을 휘게 해서 물체의 운동에 영향을 준다고 설명한다.

을 맛보았다. 그리고 어수룩해 보이기만 했던 아인슈타인은 갑자기 그의 동료들은 물론 일반인들에게도 유명한 사람이 되었다.

통일장이론의 실패

이후 30년 동안 아인슈타인은 중력과 **전자기력**을 포함하는 모든 힘을 통합하는 **통일장이론**을 발견하려고 노력했지만 실패했다. 그는 원자를 이루고 있는 작은 입자에서부터 우주의 천체에 이르는 모든 것을 설명할 수 있는 법칙을 만들고 싶어 했다. 그는 1929년에 최초로 이 방향의 논문을 발표했다. 동료들 중의 일부는 그가 시간낭비를 하고 있다고 했다.

> **전자기력** 전기와 자기의 힘으로 먼 거리까지 도달하는 힘이다. 전기와 자기의 힘은 모두 전하에 의해 발생한다.
>
> **통일장이론** 강한 핵력과 전약힘을 통합하는 이론. ▶ 전약힘: 전자기력과 약한 핵력을 통합한 힘

아인슈타인이 인생의 후반기에 이룬 업적은 과학적인 것이라기보다는 사회적이고 정치적인 것이었다. 그는 자신의 명성을 이용해 반유대주의에 대항해 싸웠다. 그래서 나치가 그를 암살하기 위해 현상금을 걸기도 했다. 1933년에 그는 유럽을 떠나 미국 뉴저지로 가서 새로 설립된 고등학술연구소에서 연구를 계속했고 1940년에는 미국 시민이 되었다.

1939년에 덴마크 물리학자 닐스 보어는 독일의 오토 한과 리제 마이트너가 원자핵 분열에 성공했으며 그 과정에서 엄청난 양의 에

너지가 나온다는 사실을 아인슈타인에게 알려 주었다. 재미있는 사실은 이 현상이 오래전에 아인슈타인이 $E=mc^2$이라는 식을 통해 예측했던 것과 일치한다는 것이었다.

나치 정권이 원자폭탄을 가지게 될지도 모른다는 염려를 하게 된 아인슈타인은 루즈벨트 대통령에게 보내는 편지에 나치의 손에 들려질지도 모르는 원자폭탄의 위력에 대해 경고했다. 그 결과 루즈벨트는 결국 제2차 세계대전을 끝낸 원자폭탄을 개발하는 맨해

휘어진 빛

별의
겉보기 위치

별의
실제 위치

굽어진
별빛

아인슈타인의 일반상대성원리는 빛이 태양의 중력장을 지나올 때 휘어 올 것이라고 예측했다.

튼 계획을 수립했다. 아인슈타인은 후에 원자폭탄 개발에 관련되었던 것을 후회하고 여러 해 동안 핵무기 제거 운동을 전개했다.

1952년 아인슈타인은 새로 독립한 이스라엘 대통령직을 제의받았지만 거절하고 통일장이론에 대한 연구를 계속했다. 그리고

1955년 76세의 나이로 뉴저지 주의 프린스턴에서 정맥류 파열로
세상을 떠났다. 화장한 그의 유해는 아무도 모르는 곳에 뿌려졌다.

아인슈타인의 연구 결과는 물리학계에 격변을 가져왔다. 그의 연
구는 과학자들이 이해할 수 없었던 현상을 설명할 수 있도록 했으며

과학자들이 상식처럼 생각해 왔던 기존의 지식을 버리도록 만들었다.

광전효과는 카메라의 노출 측정 장치, 움직임과 빛을 감지하는 장치 등에 응용되고 있다. 상대성이론은 서로 독립적인 것으로 생각해 온 시간과 공간을 시공간으로 결합시켰다. 질량과 에너지의 상호 변환은 원자에 대한 연구의 기초가 되었고 원자력 발전을 가능하게 했다. 그리고 이 이론은 우주의 시작을 설명하는 빅뱅이론에 빛을 던져 주었다.

아인슈타인이 실패한 통일장이론은 비록 헛된 일에 시간 낭비하고 있다는 비난을 받기도 했지만 오늘날의 물리학자들은 이 문제를 다시 연구하기 시작했다.

1952년 원자번호가 99번인 새로운 원소가 발견되었다. 이 원소는 시간과 공간 그리고 물질을 보는 체계를 바꿔 놓은 사람의 이름을 따서 아인슈타이늄이라고 이름 붙여졌다.

아인슈타인이 상대성이론을 제안했을 때 그는 뉴턴의 절대 공간과 절대시간의 개념을 제거했다. 아인슈타인은 진공 속에서의 빛의 속도는 변하지 않는 상수이며 빛은 입자처럼 전파되기 때문에 에테르가 필요 없다고 생각했다. 따라서 에테르의 존재는 필요성이 없어졌다. 하지만 사실 에테르는 정말로 존재하는 것이 아닐까?

1887년에 미국의 과학자 앨버트 마이컬슨^{Albert Michelson}(1852~1931)은 에테르의 존재를 증명하는 실험을 시작했다. 그러나 그 결과는 기대했던 것과는 반대로 나왔다.

1879년에 미국의 앨버트 마이컬슨은 실험을 통해 빛의 속도가 초속 30만 킬로미터라고 결론지었다. 에드워드 몰리^{Edward Morley}(1838~1925)와 함께 그는 지구 곁으로 부는 바람의 속도를 측정하기 시작했다. 빠르게 달리는 자동차 옆으로 바람이 일어나는 것과 같이 빠르게 달리는 지구 곁에도 에테르의 바람이 불고 있을 것이라고 생각한 것이다.

당시에 받아들여지던 이론에 의하면 에테르는 정지해 있는 매질이어서 에테르를 기준으로 천체의 운동을 측정할 수 있어야 했다. 그러나 그런 에테르가 존재한다면 회전하는 지구 위의 관측자 입장에서 보면 에테르가 움직이고 있는 것처럼 보일 것이다. 그리고 지구가 에테르를 지나가는 속도를 측정하면 에테르의 존재를 증명하는 것이 될 것이라고 생각했다.

마이컬슨과 몰리는 지구가 회전하는 방향과 같은 방향으로 전파되는 빛, 즉 지구 곁을 지나가는 에테르 바람을 거슬러서 전파되는 빛의 속도와 다른 방향으로 전파하는 빛의 속도를 측정하여 그 차이를 알아내면 지구 주위를 흐르는 에테르 바람의 속도를 알아낼 수 있을 것이라고 생각했다. 그것은 마치 강물을 거슬러서 운행하는 배와 강을 수직으로 건너는 배의 속력의 차이를 이용해 강물이 흐르는 속도를 계산해낼 수 있는 것과 마찬가지다. 그들은 지구가 회전하는 방향과 나란히 운동하는 빛의 속도가 지구가 회전하는 방향과 수직으로 운동하는 빛의 속도보다 빠를 것으로 예상했다. 그것은 강물의 흐름이 배의 속도를 증가시키는 것과 마찬가지라고 생각했기 때문이었다. 마이컬슨과 몰리는 지구의 회전방향과 수직한 방향으로 빛을 보냈다. 그러나 그들이 빛의 속도를 측정했을 때 빛의 속도는 모든 방향에서 같았다. 따라서 오랫동안 가정해 온 에테르가 실제로 존재하지 않는다는 것이 입증되었다.

연 대 기

1879	3월 14일 독일 울름에서 출생
1896~ 1900	스위스 취리히에 있는 스위스 연방공과대학에서 수학
1902	스위스 베른에 있는 특허사무소에서 근무
1905	취리히 대학에서 물리학 박사 학위를 받음 빛의 성질, 브라운 운동, 특수상대이론을 다룬 논문 발표
1908	베른 대학의 무급 강사가 됨
1909	특허사무소를 사직하고 취리히 대학의 부교수가 됨
1911	프라하 독일 대학의 교수가 됨
1914	베를린 대학의 교수 겸 카이저 빌헬름 물리학연구소 소장이 됨
1916	일반상대성이론 논문 발표
1919	아서 에딩턴이 일식 관측을 통해 일반상대성이론이 옳다는 것을 증명

닐스 보어는
양자이론과 분광학을
바탕으로 원자모델을
제안했다.

이쪽으
에너지
제일 커

Chapter 7

양자물리학의 비약적인 발전을 이끈 지식 탐험가,

닐스 보어

Niels Bohr
(1885~1962)

원자의 양자 역학적 모델

계단을 올라가거나 내려갈 때 자연법칙을 따라야 하는 것처럼 원자 내에서 이루어지는 전자의 위치나 운동에도 제한이 있다. 원자의 양자역학적 모델에서 전자들은 특정한 궤도 위에만 있어야 한다. 에너지 준위는 에너지 계단과 비슷하다. 계단 사이의 공간에 떠 있을 수 없는 것과 마찬가지로 전자도 에너지 준위 사이의 에너지를 가질 수는 없다. 하나의 계단 위에 서 있을 수 있는 사람의 수가 한정되어 있는 것과 마찬가지로 에너지 준위를 한 전자가 차지하고 있으면 다른 전자는 그 준위의 에너지를 가질 수 없다.

이 가상적인 에너지 계단은 높이가 다른 계단으로 이루어져 있다. 따라서 어떤 계단에서 그보다 높은 곳에 있는 다른 계단으로 올라가기 위해 필요한 에너지는 모두 다르다. 계단의 높이가 높다는 것은 계단을 올라가는 데 더 많은 에너지가 필요하다는 것을 나타낸다. 원자핵에 가까이 있는 궤도의 에너지는 작고, 원자핵에서 멀어지면 멀어질수록 궤도의 에너지는 증가한다. 따라서 더 높은 곳으로 올라가면 갈수록 더 많은 에너지를 얻는다.

계단의 비유를 통해 나타낸 양자역학적 원자 모델을 제안한 사람은 덴마크의 이론물리학자 닐스 보어였다. 보어는 이 모델을 제안한 공로로 1929년에 노벨 물리학상을 수상했다.

과학의 명문가

닐스 헨드릭 보어는 1885년 10월 7일에 덴마크의 코펜하겐에서 태어났다. 코펜하겐 대학의 뛰어난 심리학 교수였던 그의 아버지 크리스천 보어는 두 번씩이나 노벨상 후보로 지명되었다. 그의 어머니 엘렌 아들러 보어는 국회의원이었던 성공적인 은행가의 딸이었다.

누나 제니와 동생 해럴드를 포함한 보어 가족은 대학에서 아주 가까운 고급주택가에서 살았다. 부모님들은 아이들의 공부는 물론 목재 다루기, 망가진 시계 고치기와 같은 흥밋거리에도 관심을 갖게 해 주었다. 보어는 가멜홀름 학교에 다녔는데 과학과 수학에는 뛰어난 성적을 받았지만 작문은 그다지 좋아하지 않았다.

1903년 보어는 코펜하겐 대학에 입학하여 물리학을 전공했고 축구팀에서 운동을 했으며, 시를 읽는 것을 좋아했고, 화학 실험실에서는 유리 기구를 깨뜨리는 기록을 세우기도 했다. 그동안 보어는 점차 물리학에 흥미를 느끼게 되었지만 당시만 해도 물리학에 대해 자세한 내용을 다루는 과목이 거의 없어 주로 과학 잡지를 통해 새로운 지식을 공부했다.

보어가 2학년 때 덴마크 왕립 과학아카데미에서 액체의 표면 장력에 대한 논문을 공모했다. 단지 두 편의 논문만 제출되었는데 두 논문 모두 금메달을 받았다. 빠르게 흐르는 물방울의 진동을 이용하여 표면 장력을 정밀하게 측정하는 방법을 설명한 보어의 논문은 1909년 왕립학회 학회지에 실렸다. 이것은 대학생의 연구결과물로서는 대단한 성과였다.

보어는 1907년에 물리학 학사 학위를 받았고 1909년에는 물리학 석사 학위를 받았다. 그의 학위 논문은 **전자이론**을 이용하여 금속의 성질을 이론적으로 분석한 것이었다.

> **전자이론** 전자의 운동을 이용하여 금속의 여러 가지 성질을 설명하는 이론

대학원에서 공부하는 동안 보어는 고전물리학만으로는 원자의 성질을 충분히 설명할 수 없다는 사실을 알게 되었다. 연구하는 동안에 그는 막스 플랑크가 제안한 복사선에 관한 양자이론에 대해 알게 되었다.

박사 학위를 받은 후 보어는 영국의 유명한 물리학자이자 노벨상 수상자이며 전자의 발견자인 조셉 존 톰슨에게 배우기 위해 영국의 케임브리지 대학에 있는 캐번디시 연구소로 갔다. 그리고 6개월 후에 맨체스터 대학에 있던 어니스트 러더퍼드의 연구소로 자리를 옮겼다. 러더퍼드는 1908년에 방사능을 설명한 공로로 노벨 화학상을 받은 사람이었다. 1911년에 러더퍼드는 밀도가 높은 양전하로 대전된 원자핵 주위를 전자가 돌고 있는 새로운 원자모델을 제

안했다.

러더퍼드의 실험실에서 연구하는 동안 보어는 원자핵 속에 들어 있는 양성자의 개수 또는 원자번호에 의해 결정되는 양전하가 원자의 질량보다 주기율표에서 원자가 들어갈 자리를 결정하는 데 더 중요하다는 사실을 알게 되었다. 또한 방사성 붕괴에 의해 원자번호와 원자량이 어떻게 달라지는지를 알아냈다. 러더퍼드는 원자의 방사성 붕괴에는 알파붕괴와 **베타붕괴**, 두 가지가 있다는 것을 알아냈다. 보어가 알아낸 법칙에 의하

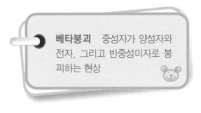

베타붕괴 중성자가 양성자와 전자, 그리고 반중성미자로 붕괴하는 현상

면 방사성 붕괴 시 원자핵이 알파 입자를 방출하면 원자의 원자번호는 2가 줄어들고 원자량은 4가 줄어들었다. 반면에 베타 입자를 방출하면 원자핵의 전하가 늘어나 원자번호가 하나 증가했다.

보어는 자신이 발견한 사실을 러더퍼드에게 이야기했지만 러더퍼드는 그가 얻은 결론을 확신하지 못했으므로 그 사실을 논문으로 발표하지는 않았다. 하지만 보어는 자신의 발견이 원자 구조에 어떤 면을 반영하는지 알아내려고 노력했다. 그는 러더퍼드의 원자 모델이 설명할 수 없는 문제들에 특히 관심이 많았다.

원자 수수께끼의 해결

고전적인 전자기학 법칙에 의하면 원자핵 주위를 돌고 있는 전자들과 같이 움직이는 입자는 에너지를 방출해야 한다. 만약 이것이

사실이라면, 그리고 모든 물질이 원자핵 주위를 전자가 돌고 있는 원자로 이루어졌다면 모든 물질은 에너지를 방출해야 한다. 그러나 이런 일은 일어나지 않는다.

또 다른 문제는 만약 원자핵 주위를 돌고 있는 전자가 에너지를 방출하면 결국은 모든 에너지를 잃고 원자핵 속으로 끌려 들어가야 한다. 그러나 원자는 이 모델이 예측하고 있는 것과는 달리 매우 안정하다. 보어는 이 문제를 어떻게 설명할 수 있을까 고민했다.

1905년에 알베르트 아인슈타인은 플랑크의 양자이론을 광전효과를 설명하는 데 이용했다. 광전효과는 금속에 빛을 쪼이면 전자가 튀어나와 전류가 흐르도록 하는 현상이었다. 물리학자들은 그들이 예상했던 것과는 달리 더 밝은 빛, 즉 강한 빛을 쪼여 주어도 더 큰 에너지를 가지는 전자가 나오지 않는다는 사실을 알고 당황했다. 이것을 설명하기 위해 아인슈타인은 금속원자는 광자라고 부르는 빛 입자가 충분한 에너지를 가지고 있을 때만 전자를 내놓는다고 가정했다.

더 밝은 빛은 더 많은 광자가 금속에 충돌한다는 것을 의미했다. 따라서 더 많은 전자가 금속에서 튀어나올 수 있다. 그러나 전자들은 모두 같은 에너지를 가지게 된다. 푸른빛과 같이 짧은 파장을 가지고 있는 빛은 큰 에너지를 가지고 있는 광자들의 흐름이기 때문에 전자가 금속으로부터 큰 에너지를 가지고 튀어나올 수 있도록 할 수 있다. 그러나 붉은색 빛과 같이 파장이 긴 빛은 적은 에너지를 가지고 있는 광자들의 흐름이기 때문에 아무리 강하게 비추어도 금속 원자에서 전자를 떼어낼 수 없을 수도 있다. 보어는 1921년 아인슈타인에게 노벨상을 안겨준 이 광전효과에 대해 곰곰이 생각해 보았다.

보어는 전자들이 특정한 궤도 위에서 돌고 있는 동안에는 에너지를 잃지 않고 운동을 계속할 수 있을 것이라고 생각했다. 그는 전자들이 두 에너지 준위의 차이에 해당하는 에너지를 잃거나 얻으면 한 궤도에서 다른 궤도로 건너뛸 수 있을 것이라고 가정했다.

이러한 가능성에 대해 생각하고 있는 동안 보어는 킹스 칼리지의 수학교수였던 J. W. 니콜슨이 쓴 〈태양 주위에 나타나는 비정상적인 코로나〉와 양자이론을 연결한 논문을 읽게 되었다.

원자들이 내는 스펙트럼과 원자 구조 사이에는 어떤 관계가 있을까? 원자들이 내는 **발광 스펙트럼**은 온도가 높은 상태에 있는 원소들이 내는 특정한 파장의 빛으로 이루어진 선 스펙트럼을 이룬다. 이러한 원소의 발광 스펙트럼은 사람의 지문처럼 각각의 원소마다 고유한 형태를 가지고 있다.

발광 스펙트럼 한 종류의 원자는 모든 빛을 내는 것이 아니라 일정한 파장의 빛만을 내서 선 스펙트럼을 이룬다. 원자가 높을 온도에서 내는 스펙트럼을 발광 스펙트럼이라고 한다.

박사 후 연구 과정 박사 학위를 받은 후에 일정 기간 동안 대학이나 연구기관에서 연구하는 과정

다른 사람이 먼저 이 문제를 해결할지도 모른다는 염려 때문에 보어는 서둘렀다. 그리고 양자이론이 이 문제를 해결하는 데 도움이 될 것이라는 것을 알게 된 보어는 예상보다 빠른 시간 안에 문제를 해결할 수 있었다.

러더퍼드 실험실에서 **박사 후 연구 과정**을 끝낸 보어는 덴마크로 돌아와 1912

년에 마그레테 놀룬트와 결혼했다. 그들은 50년 동안 행복한 결혼 생활을 했고 여섯 명의 아들을 두었는데 그중 한 명은 원자핵의 구조에 대한 연구로 1975년에 노벨 물리학상을 수상했다. 보어는 코펜하겐 대학의 교수가 되고 싶어 했지만 그 자리에는 이미 다른 사람이 있었다. 그는 할 수 없이 강사로 일하면서 자신의 원자모델에 대한 연구를 계속했다.

보어는 전자를 하나만 가지고 있는 수소 원자에 연구의 초점을 맞추었다. 빛의 방출과 플랑크 상수 사이의 관계를 수학적으로 설명하게 되자 보어의 연구는 큰 진전을 이루게 되었다. 전자가 한 에너지 준위에서 다른 에너지 준위로 바꾸게 하는 데 필요한 에너지는 hv였다. 여기서 h는 플랑크 상수였고 v는 빛의 진

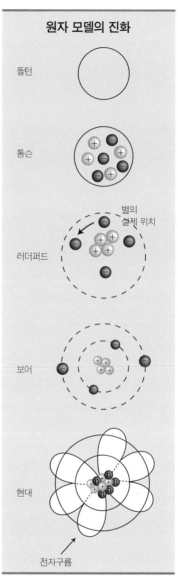

원자 모델의 진화

돌턴

톰슨

러더퍼드   별의 실제 위치

보어

현대

전자구름

한때 물질을 이루는 가장 작은 단위라고 생각했던 원자가 복잡한 구조를 가지고 있다는 것이 밝혀졌다.

동수다. 그는 이런 관계를 이용하여 수소 원자 속에 있는 전자가 여러 에너지 준위를 옮겨 다닐 때 내놓을 수 있는 빛의 종류를 예측했다. 놀랍게도 그 결과는 실험결과와 일치했다. 그의 계산은 수소 원자가 내는 선 스펙트럼을 모두 설명한 것이었다. 보어는 마침내 전자의 운동과 관계된 문제를 해결한 것이다. 보어의 수정된 원자 모델에는 일정한 반지름을 가진 정상궤도가 포함되었고 따라서 전자들이 원자핵으로 끌려들어가지 않도록 했다. 전자가 이 궤도 위에 머무는 한 전자는 에너지를 방출하지 않는다. 만약 전자가 낮은 궤도로 떨어지면 두 에너지 궤도의 에너지 차이에 해당하는 에너지를 밖으로 내놓게 된다. 따라서 전자 궤도의 구조가 다른 원자들은 서로 다른 종류의 선 스펙트럼을 내게 되는 것이다.

자신의 혁신적인 발견을 논문으로 작성하기 시작하면서 보어는 이 모든 내용을 하나의 논문에 포함시키기에는 내용이 너무 많다는 생각이 들었다. 그래서 내용을 세 부분으로 나누어 세 편의 논문을 작성한 뒤 1913년 철학학술지에 발표했다. 이 혁신적인 논문들은 〈원자와 분자의 구조에 대하여〉, 〈하나의 원자핵만을 가진 체계에 대하여〉 그리고 〈여러 개의 원자핵을 가지고 있는 체계에 대하여〉였다.

보어가 제안한 내용은 전혀 새로운 내용을 담고 있어서 물리학자들 중에는 만약 보어가 주장한 내용이 옳다면 물리학을 그만두겠다고 말하는 사람도 있었다. 하지만 보어의 주장은 모두 사실로 밝혀졌다. 보어는 1922년에 양자역학적인 원자 모델을 발전시킨 공로로 노벨 물리학상을 받았다.

2년 전에는 강사 자리를 구하러 다니던 보어였지만 그의 이론이 널리 받아들여지자 금세 많은 대학에서 그를 초빙하려고 했다. 1913년에 영국 맨체스터 대학은 그에게 2년 동안의 방문교수 자리를 제안했다. 그 직후 코펜하겐 대학은 그에게 이론물리학 교수직을 제안했다. 이론물리학 교수직은 그를 위해 새로 만든 자리였다. 하지만 보어는 다시 한 번 러더퍼드와 함께 연구하고 싶어 했다. 따라서 코펜하겐 대학은 보어가 원하는 대로 1916년까지 기다렸다가 그를 교수로 임명했다.

대응원리와 상보성원리

양자이론은 수수께끼 같은 현상을 설명하는 데는 성공적이었지만 때로 고전물리학 법칙에 어긋나기도 했다. 양자이론과 고전물리학을 연결하는 다리를 놓기 위해 1916년에 보어는 **대응원리**를 제안했다.

> **대응원리** 닐스 보어가 제안한 물리학 원리로, 양자이론을 이용한 예측은 고전물리학적 분석 결과와 같아야 한다는 원리

대응원리는 양자역학으로 얻어진 모든 결과는 관측된 사실을 모두 설명할 수 있어야 한다는 원리이다. 다시 말해 양자역학의 이론적인 연구 결과는 고전물리학 이론으로 설명할 수 있는 현실 세계의 모든 현상과 일치해야 한다는 것이다.

이제 막 발전하기 시작한 양자역학에 관한 논문이 학술지에 많이

실리자 보어는 이론물리학연구소 설립을 위한 기금 모금을 시작했다. 1921년에 코펜하겐에서 문을 연 이론물리학연구소는 곧 양자물리학 연구의 세계적인 중심지가 되었다. 서른여섯 살의 젊은 소장이었던 보어는 1920년대와 1930년대의 젊은 과학자들을 많이 유치하고 그들을 격려하여 양자물리학 분야에서 지속적인 발전을 이루어 나가도록 했다. 보어는 자신의 원자이론을 원자번호가 큰 원소에도 확장하여 1922년에 〈원자의 구조와 원소의 물리 및 화학적 성질〉이라는 논문으로 발표했다. 그뿐만 아니라 그는 양자물리학의 기초를 이루는 또 다른 기본적인 개념을 발전시키기도 했다.

상보성원리   닐스 보어가 제안한 물리학의 원리로, 어떤 두 개념이 상보성을 가지는 경우 실험을 통해 한 개념이 명확히 드러나면 다른 개념은 모호해진다.

운동량   물체의 운동을 나타내는 양으로 질량과 속도의 곱으로 나타난다.

1927년에 보어는 **상보성원리**라는 개념을 제안했다. 상보성원리는 원자 현상을 고전적으로 기술하는 데는 **운동량**과 위치와 같이 상호 보완적인 두 가지 사실을 알아야 한다는 원리다. 두 가지 상호 보완적인 사실은 동시에 측정할 수 없지만 두 가지 모두는 꼭 필요한 것이고 이들은 함께 작은 크기에서 일어나는 현상을 좀 더 완전하게 설명할 수 있도록 한다. 고전물리학과 새로운 양자물리학을 조화시키려는 이러한 시도는 때로는 파동으로, 그리고 때로는 입자로 작용하지만 동시에 입자와 빛으로 작용하지는 않는 빛에도 적용될 수 있다.

코펜하겐에 살고 있던 보어가 중심이 되어 연구가 이루어졌기 때

문에 '양자역학에 대한 코펜하겐 해석'이
라고 불리는 양자물리학에 대한 해석은 상
보성원리와 **불확정성원리**를 포함하여 양자
세계에서 일어나는 일들을 설명하고 있다.

　보어는 양자 세계를 측정하려는 시도 자
체가 양자 세계에 영향을 주기 때문에 관
측하지 않는 동안에 양자 세계에 무슨 일이 일어나고 있는지를 묻는
것은 아무 의미가 없다고 주장했다. 막스 본은 어떤 특정한 결과가
나올 확률만 계산할 수 있을 뿐이라고 주장했다.

　보어는 자신의 상보성원리를 과학에서 인생의 다른 부분으로까지
확장시켰다. 그는 1933년부터 1962년 사이에 출판한 많은 수필을
통해 자신의 이런 생각을 나타냈다.

내면 들여다보기

　1932년에 보어는 가장 뛰어난 덴마크 인에게만 수여되는 영구적
인 명예인 칼스버그 멤버가 되었다. 이 시기에 그는 당시 과학자들
이 양성자와 중성자로 구성되어 있다고 믿고 있었던 원자 중심에 있
는 원자핵에 관심을 집중하고 있었다. 그는 원자핵이 단단한 물체라
는 생각을 버려야 한다고 믿었다.

　1936년에 그는 우크라이나 출신 과학자 조지 가모브가 처음으로
주장했던 원자핵은 액체 방울과 비슷하다는 생각을 더욱 발전시켰

다. 물방울을 구성하는 분자들 사이의 결합력이 달라짐에 따라 물방울의 모양이 변하듯이 원자핵의 모양도 양성자와 중성자 사이의 상호작용에 따라 모양이 변해야 한다는 것이다. 이 이론은 1939년에 리제 마이트너와 오토 프리쉬가 발견한 원자핵 분열을 설명할 수 있게 했다.

이 물방울 모델은 다른 입자가 원자핵과 충돌하면 고도로 들뜬 상태의 원자핵을 만들 수 있도록 한다. 이렇게 들뜬 원자핵은 본래의 원자핵과 입자로 다시 분리되거나 원자핵 반응을 통해 새로운 원자핵을 만들어낸다. 핵분열이 일어나는 동안에 원자핵은 두 개의 작은 조각으로 갈라지면서 에너지를 방출하게 된다.

1930년대에 보어는 어머니, 여동생, 아들 그리고 가까운 두 친구였던 러더퍼드와 폴 에렌페스트를 잃는 비극을 겪었다. 그리고 제2차 세계대전이 일어났다. 보어는 나치 정권의 박해를 피해 독일에서 피신해 온 과학자들을 보살피고 자리를 마련해 주는 일에 앞장섰다.

1943년 10월 나치의 검거를 피해 스웨덴으로 간 보어의 뒤를 따라 가족들도 넘어왔다. 그 후 그들은 영국을 거쳐 미국으로 건너갔다.

미국에서 그는 극비리에 진행되던 최초의 원자폭탄 제조를 위한 맨해튼 프로젝트에 참여했다. 보어는 원자폭탄의 개발 과정은 물론 원자폭탄이 가져올 정치적 변화에 대해서도 염려했다. 그는 원자폭탄은 군인이 아니라 민간인이 통제해야 한다고 거듭 권고했다. 그리고 소련과의 협조만이 미래의 원자무기 경쟁을 막을 수 있다고 정치지도자들에게 이야기했다.

　그러나 원자폭탄 개발에 있어서의 상호 신뢰와 국제적인 협조라는 꿈은 그가 살아 있는 동안에는 실현되지 못했다.

보어의 유산

말년에 보어는 아인슈타인이 있던 뉴저지 주 프린스턴 고등학술 연구소를 방문했다. 아인슈타인과 보어는 수십 년 동안 양자물리학에 관해 격렬한 논쟁을 벌여 왔지만 보어는 아인슈타인을 대단히 존경하고 있었다.

보어는 유럽 원자핵연구소(CERN), 국제 이론및실험물리학연구소, 그리고 노르딕 이론물리 연구소(NORDITA)의 설립을 도왔으며 또한 노르웨이, 스웨덴, 핀란드, 덴마크 그리고 아이슬란드의 이론물리학협회 설립을 돕기도 했다. 1957년에 보어는 원자 에너지의 평화적 이용을 위한 노력으로 제1회 포드 재단의 평화를 위한 원자상을 받았다.

1962년 닐스 보어는 약간의 뇌출혈로 고통 받았지만 곧 회복되어 몇 달 후 연구소로 돌아왔다. 그는 1962년 11월 16일에 열렸던 덴마크 왕립 과학아카데미 회의를 주재한 뒤 이틀 후 코펜하겐에서 심장마비로 사망했다. 전 세계는 과학만큼이나 스포츠와 대화를 즐겼던 위대한 물리학자의 죽음을 슬퍼했다.

행정적인 일이 많았음에도 불구하고 보어는 과학 연구를 평생 게을리 하지 않아 200편이 넘는 과학 논문을 발표했다. 80세 생일에는 코펜하겐 대학의 이론물리학연구소가 닐스 보어 연구소로 이름을 바꿨다. 보어가 소장으로 있는 동안 이 연구소에서는 1,200편이 넘는 논문이 발표되었고, 세계 이론물리학의 중심지가 되었다.

보어는 케임브리지, 옥스퍼드, 맨체스터, 하버드, 프린스턴을 포함한 전 세계 여러 나라의 대학으로부터 30개에 달하는 명예박사 학위를 받았고, 독일 물리학회가 주는 막스 플랑크 메달, 런던 왕립학회가 주는 휴즈 메달과 코플리 메달, 런던의 화학회에서 수여하는 패러데이 메달을 비롯한 많은 권위 있는 상을 받았다. 그는 덴마크 왕립 과학아카데미의 회장을 역임했고, 덴마크 원자력위원회 회장을 지내기도 했다. 그리고 런던 왕립학회를 포함하여 적어도 20여 개 학회의 외국 회원이었다.

보어가 제안한 양자역학적 원자 모델은 전자들이 특정한 궤도 위에서 원자핵을 돌고 있는 형태로, 물리나 화학 그리고 생물학을 배우고 있는 모든 학생들이 잘 알고 있는 원자 모델이다. 그러나 그의 유산은 이러한 지적인 공헌에만 한정된 것이 아니다. 보어는 수많은 미래 노벨상 수상자들의 모범이 되었고, 그의 지도력은 양자역학 시대를 열도록 이끌었다. 이 때문에 그는 덴마크의 가장 위대한 시민 중 한 사람으로 꼽히며 세계에서 가장 위대한 개척자 정신을 지닌 물리학자였다.

양자 슈퍼스타들

독일 물리학자 막스 플랑크^{Max Planck}(1858~1947)는, 에너지는 불연속적으로 허용된 양으로만 주고받을 수 있다는 양자 개념을 최초로 제안한 사람이었다. 1920년대에는 여러 명의 젊은 과학자들이 이룬 일련의 성공으로 양자역학이라고 불리는 전혀 다른 물리학 분야로 발전했다.

양자역학은 원자 단위에서 입자들의 행동을 설명한다. 양자역학을 성립시키는 데 핵심적인 역할을 한 사람들은 다음과 같다.

1924년에 프랑스 물리학자 루이 드브로이는 모든 물질은 입자와 파동의 이중성을 가진다는 것과 이러한 파동성은 원자 단위에서만 관측이 가능하다고 제안했다. 이러한 생각은 파동역학의 발전으로 연결되었고 결국에는 양자역학의 기초가 되었다. 드브로이는 이러한 업적으로 1929년에 노벨 물리학상을 받았다.

1925년에 오스트리아 물리학자 볼프강 파울리^{Wolfgang Pauli}(1900~1958)는 일정한 체계 내에서 입자들은 똑같은 방법으로 움직일 수 없다고 선언했다. 다시 말해 전자는 같은 에너지 준위에 두 개가 들어갈 수 없다. 파울리의 배타원리라고 부르는 이 원리는 왜 원자 안의 전자들이 모두 가장 낮은 에너지 준위에 모여 있지 않는지를 설명할 수 있도록 해 준다. 파울리는 1945년에 노벨 물리학상을 받았다.

오스트리아 물리학자 에르빈 슈뢰딩거^{Erwin Schrödinger}(1887~1961)는 1926년에 전자들이 원자 안에서 어떻게 행동하는지를 설명하는 방정식을 제안했는데 이 식은 양자물리학의 기초를 이루는 식이 되었다. 영국의 물리학자 폴 아드리안 마우리스 디랙은 슈뢰딩거의 방정식을 확장하여 전자의 스핀과 자기 모멘트를 포함한 전자의 성질을 완전하게 설명할 수 있도록 했다. 디랙과 슈뢰딩거는 1933년의 노벨상을 공동 수상했다.

1926년에 독일 물리학자 막스 본$^{\text{Max Born}}$(1882~1970)은 전자의 파동은 전자가 입자로 행동할 때의 확률을 나타낸다고 주장했다. 이러한 주장으로 그는 독일 물리학자 발터 빌헬름 게오르그 프란츠 보데와 1954년 노벨 물리학상을 공동으로 수상했다.

1927년 독일의 물리학자 베르너 칼 하이젠베르크$^{\text{Werner Karl Heisenberg}}$ (1901~1976)가 제안한 불확정성원리는 전자의 위치와 속도는 동시에 정확하게 측정하는 것이 불가능하다는 원리이다. 전자가 충돌 후에 어디로 갈지는 확률적으로만 계산할 수 있을 뿐이다. 그러나 아인슈타인은 어떤 사실을 정확히 알 수 없다는 이 원리를 받아들이지 않았다. 아인슈타인의 반대에도 불구하고 하이젠베르크의 불확정성원리는 널리 받아들여졌고 하이젠베르크는 1932년 노벨 물리학상을 받았다.

배타원리 볼프강 파울리가 제안한 원리로 원자 속의 두 전자는 똑같은 양자수를 가질 수 없다는 원리

스핀 입자의 각운동량을 나타내는 양자수

연 대 기

1885	10월 17일 덴마크 코펜하겐에서 출생
1905	물의 표면 장력에 관한 연구를 함
1907	코펜하겐 대학으로부터 물리학 학사 학위를 받음
1909	코펜하겐 대학으로부터 물리학 석사 학위를 받음
1911	코펜하겐 대학으로부터 물리학 박사 학위를 받음. 케임브리지 대학의 캐번디시 연구소로 감
1912	어니스트 러더퍼드의 지도로 박사후 연구과정을 마침
1913	양자역학적 원자 모델에 관한 세 편의 논문을 발표함
1913~14	코펜하겐 대학에서 물리학을 강의
1914~16	맨체스터대학의 연구교수가 됨
1916	코펜하겐 대학의 이론물리학 교수가 됨 대응원리 제안

> 66
>
> 루이 드브로이는
> 전자의 물질파 이론을
> 도입했다.
>
> 99

Chapter 8

원자의 세계를 들여다본 물리학자,

루이 드브로이

Louis de Broglie
(1892-1987)

어떤 것을 쉽게 관측할 수 없다고 해서 그런 일이 일어나지 않는다는 것을 뜻하지는 않는다. 사람들은 공개적으로 일어나는 일도 감지하지 못하는 경우가 있다. 예를 들면 어느 날 오후에 잔디를 깎은 다음 날 아침에 잔디 위로 몇 센티미터나 올라와 있는 민들레를 발견할 수 있다. 만약 이 민들레를 24시간 지켜보았다고 해도 민들레가 크고 있는 것을 관측할 수는 없을 것이다. 다시 말해 눈으로 지켜보는 것만으로는 민들레가 얼마나 빨리 크고 있는지 알 수 없다. 만약 카메라로 30분마다 민들레의 사진을 찍은 후 사진을 빠르게 연속적으로 넘기면 민들레가 자라나는 것을 볼 수 있을 것이다.

세상에서 일어나는 일은 우리 눈에 보이는 것과 항상 같지는 않다. 굴러가는 볼링공의 운동은 고전물리학의 법칙으로 쉽게 설명할 수 있는 관측 가능한 운동이지만 볼은 질량과 공간의 일정한 장소를 차지하고 있는 물체라고만 할 수는 없다. 볼링공은 파동과 관계된 성질을 이용해서 설명할 수 있는 파동이기도 하다. 그러나 파장이 공의 크기에 비해 너무 작아 우리는 그런 성질을 관측할 수는 없다.

전자는 입자라고 간주되기도 하지만 파동의 성질을 이용해서 설명할 수도 있다. 전자의 파장은 전자의 크기에 비해 크기 때문에 실험을 통해 전자가 가지고 있는 파동의 성질을 확인할 수 있다. 이론물리학자 루이 드브로이는 물질이 입자와 파동의 이중성을 가지고 있다는 사실을 밝혀냈다. 이러한 생각에 대한 그의 수학적 증명은 과학자들의 자연 분석 방법을 완전히 바꿔 놓았다.

귀족 가문

루이 빅토르 피에르 레이몬드 드브로이는 1892년 8월 15일 프랑스 디페에서 빅터 드브로이와 파울린 다말리 드브로이의 아들로 태어났다. 공작이었던 아버지는 루이가 열네 살 때 세상을 떠났기 때문에 장남이었던 마우리가 가문의 남자 장남에게만 상속되던 공작의 작위를 상속했다.

7년 전쟁(1756~1763) 이후 오스트리아 황제는 드브로이 가문의 장남에게는 공작의 작위를, 나머지 아들들에게는 왕자의 칭호를 주었다. 1906년이 형이 죽은 후 드브로이는 공작 작위를 계승했다.

5남매의 막내였던 드브로이는 초등교육은 집에서 가정교사에게, 중고등 교육은 파리에 있는 리세 얀손 드 세일리에서 받고 1909년에 졸업했다. 그 후 파리 대학의 인문학부인 소르본 대학에서 공무원이 되기 위한 준비로 문학과 역사를 공부했다. 그러나 그는 수학과 물리학에 흥미를 가져 1910년에 소르본에서 인문 학사 학위를 받은 후 이론물리학을 더 공부하기로 결정했다.

1913년에 파리 대학 자연과학대학에서 과학 학사 학위를 받은 후 드브로이는 제1차 세계대전 동안 프랑스 군에 복무했다. 군에 있는 동안 무선통신에 대해 배우고 전파 전문가로 일했던 그는 전쟁이 끝난 후에는 형의 개인적인 실험실에서 물리학을 공부했다.

1920년대에는 1900년에 막스 플랑크가 제안한 양자이론에 많은 변화와 발전이 있었다. 1925년 〈물리학 연대기〉에 발표된 박사 학위 논문인 〈양자이론 연구〉에서 드브로이는 물질은 입자와 파동의 성질을 모두 가지고 있다고 주장했다. 그의 이런 주장은 양자역학 혁명의 중요한 추진력을 제공했다.

문제

19세기의 물리학자들은 빛의 파동성을 증명하는 많은 자료들을 수집했다. 그 후 알베르트 아인슈타인은 1905년에 빛에 대한 새로운 이론을 제시했다. 복사선의 양자화에 관한 플랑크의 개념을 적용하여 아인슈타인은 빛이 파동이 아니라 광자라고 부르는 특정한 에너지를 가지는 입자로 전달된다고 결론지었다. 아인슈타인이 이론적으로 추정한 방정식은 미국의 물리학자 로버트 앤드류 밀리칸이 1913년과 1914년에 실험적으로 증명했다. 미국의 물리학자 아서 홀리 콤프턴은 1923년에 콤프턴효과라고 부르는 **엑스선** 산란 현상을 통해 빛이 광자라는 알갱이임을 증명하는 더 많은 증거를

엑스선 가시광선보다 훨씬 짧은 파장을 가지고 있는 전자기파

수집했다.

광자가 전자와 충돌하면 광자는 에너지를 잃고, 그 결과 파장이 길어진다(파장이 짧은 광자가 더 큰 에너지를 갖는다). 콤프턴은 빛도 입자가 가지는 물리량인 운동량을 가진다는 것을 보여 주었다. 빛이 입자의 성질을 가지고 있다는 확실한 증거에도 불구하고 빛은 틀림없이 잘 알려진 파동의 성질을 역시 가지고 있었다. 따라서 물리학자들은 빛이 어떤 때는 파동처럼 움직이고 어떤 때는 입자처럼 움직인다는 빛의 이중성을 받아들이지 않을 수 없게 되었다.

이러한 사실은 물리적인 세상이 물질과 에너지의 서로 다른 두 영역으로 되어 있다는 종래의 생각을 버리지 않을 수 없도록 했다. 모든 물질은 원자로 이뤄져 있기 때문에 물질에 관한 물리학은 고전물리학 법칙을 따르는 입자와 원자들을 다루었다. 순수한 에너지인 복사선은 가상적인 매질을 통해 전달되는 파동에 바탕을 두고 있었다. 물질의 형태와 복사선의 형태는 빛이 이중성을 가진다는 것을 발견하기 전까지는 다른 구조를 갖고 있는 것으로 생각했다.

드브로이는 한 걸음 더 나아갔다. 그는 만약 빛이 이중성을 가지고 있다면 물질은 어떨까 하고 생각했다. 입자의 성질을 가지고 있는 것으로 측정되는 것들도 파동의 특성을 가지고 있는 것은 아닐까? 자연이 가지고 있는 대칭적 성질은 입자들도 파동의 성질을 가져야 한다고 제안하고 있었다. 이것이 드브로이가 박사 학위 논문 주제로 선택한 것이었고 그는 이 주제에 대한 논문으로 1929년에 노벨 물리학상을 받았다.

혁명적인 논문

그 어떤 것도 그것을 지지해 주는 사실이 없었지만 대담한 대학원 학생이었던 드브로이는 '물질파'가 모든 것과 관계되어 있다고 주장했다. 그는 큰 세계에서는 이런 성질이 나타나지 않지만 원자 세계에서는 입자들이 가지는 파동의 성질이 측정될 수 있을 것이라고 주장했다. 모든 물체는 물질파를 가지고 있지만 물체 자체에 비해 파동이 너무 작아 파동의 성질을 감지할 수 없다는 것이다. 그러나 원자 크기에서는 파동의 크기가 상대적으로 커서 실험적으로 관측하는 것이 가능하다는 것이 드브로이의 주장이었다.

드브로이는 입자와 파동의 성질을 동시에 가지는 것은 불가능한 일이 아니라 서로 보완해 주기 위해 필요한 다른 측면이라고 말했다. 서로 상반되는 것 같아 보이는 특징들이 사실은 상대 성질을 배척하지는 않는다는 것이다. 다만 동시에 앞과 뒤를 볼 수 없듯이 동시에 두 가지 다른 성질을 감지할 수 없을 뿐이다. 그는 자신의 복잡한 제안을 에너지와 물질 그리고 플랑크 상수 사이의 관계를 정의한 아인슈타인의 상대론 방정식을 이용해 수학적으로 증명했다.

드브로이는 입자의 파장은 $\lambda = h/p$로 주어진다고 했다. 여기서 h는 플랑크 상수이고, p는 입자의 질량과 속도를 곱해 얻어지는 운동량을 나타낸다. 그는 수학적으로 입자가 물질파를 가지고 있다는 것을 보여 주었다.

드브로이의 파동이론은 왜 전자가 보어가 제안한 것처럼 불연속

적인 에너지 준위에만 있어야 하는지 설명해 준다. 드브로이에 의하
면 전자의 궤도는 부드러운 원으로 이루어진 것이 아니라 원자를 둘
러싸고 있는 파동 모양이라는 것이다. 간섭현상이 일어나지 않도록
하기 위해서는 원주의 길이가 파장의 정수배가 되어야 한다. 따라서
궤도는 전자의 파장에 따라 달라진다. 다시 말해 보어가 플랑크 상

수의 정수배여야 한다고 예측했던 전자의 궤도는 운동량에 따라 달라지게 된다.

드브로이의 박사 학위 논문 심사위원들은 이 논문이 가지고 있는 깊은 의미를 이해할 수 없어 아인슈타인에게 그 논문을 평가해 달라고 부탁했다. 오늘날의 과학자들도 논문의 내용을 이해하는 것이 어려울 뿐만 아니라 드브로이의 주장의 중요성을 아는 것은 더욱 어렵다. 그러나 아인슈타인은 뛰어난 사람이었다. 아인슈타인은 드브로이가 우주의 비밀 하나를 밝혀냈고, 다른 사람들이 물질의 이중성을 심각하게 고려하도록 했다고 선언했다.

드브로이의 가설은 에너지와 물질이 서로 변환될 수 있는 양이라는 아인슈타인의 주장을 훨씬 쉽게 받아들이도록 만들었다. 오스트리아의 물리학자 에르빈 슈뢰딩거는 파동의 개념이 가지고 있는 중요성을 알아차렸고 원자 속 전자들의 행동을 기술하는 파동 방정식을 개발하는 데 이것을 사용했다. 슈뢰딩거는 파동역학을 개발한 공로로 1933년에 노벨 물리학상을 받았다.

증명과 토론

드브로이가 물질과 파동의 관계를 제안했을 때 그는 그것을 지지해 주는 실험적인 증거를 가지고 있지 못했지만, 이후에 전자가 파동의 성질을 가진다는 증거들이 속속 나타났다.

1927년에 뉴욕 벨연구소의 클린턴 조셉 데이비슨과 레스터 할버트 저머는 크리스털이 전자빔을 회절시킨다는 사실을 발견했다. 회절은 파동의 성질이었다. 그들의 실험으로부터 계산한 전자의 파장은 드브로이가 얻었던 결과와 같았다. 같은 해 말에 영국의 물리학자 조지 파제트 톰슨(유명한 케임브리지의 물리학자 조셉 존 톰슨의 아들)은 전자를 금속박 막에 통과시켰을 때 회절현상이 나타나는 것을 관측했다. 데이비슨과 톰슨은 전자의 회절을 실험을 통해 측정한 공로로 1937년 공동으로 노벨 물리학상을 수상했다. 후에 양성자, 원자 그리고 분자를 이용한 실험에서도 비슷한 결과를 얻을 수 있었다.

소르본에서 박사 학위를 받은 후 드브로이는 2년 동안 그곳에서 학생들을 가르쳤다. 그는 1927년에 제7차 솔베이회의에 참석하여 당대의 세계적인 학자들과 양자역학이 내포하고 있는 의미에 대해 토론했다. 독일의 물리학자 베르너 칼 하이젠베르크, 덴마크의 물리학자 닐스 보어, 영국의 물리학자 막스 본은 파동이 올라가고 내려가는 것은 입자의 정확한 위치를 나타내는 것이 아니라 입자가 특정한 위치에 있을 확률을 나타낸다고 믿었다. 슈뢰딩거, 아인슈타인 그리고 드브로이는 그러한 생각에 동의하지 않았다. 대신 드브로이는 '안내 파동이론'이라고 부르는 이론을 제안했지만 잘못된 이론이었다. 그 사실을 알고 그는 그 생각을 버렸지만 수십 년 후 확률적 해석의 대안으로 그 이론을 다시 다루었다. 철학적으로 드브로이는 세상이 확률에 의존한다는 것을 받아들일 수 없기 때문이었다.

새로운 분야의 창시자

1928년에 드브로이는 앙리 푸앵카레 연구소의 이론물리학 교수가 되었다. 1932년에는 소르본의 과학대학 교수가 되어 1962년 은퇴할 때까지 그곳에서 파동역학에 관한 연구를 계속했다.

드브로이는 파동역학과 양자물리학의 철학적 의미에 대해 십여 권의 책을 썼다. 1939년에 출판한 《물질과 빛: 새로운 물리학》과 1953년에 출판한 《물리학 혁명》은 그의 대표적인 저서다. 이 책들은 그가 쓴 다른 책들에 비해 덜 전문적인 내용을 다루고 있지만 포함된 내용 때문에 여전히 복잡하고 어려웠다.

1933년에 드브로이는 과학아카데미 회원으로 선출되었고 1942년부터는 수리과학 분야의 종신 서기로 일했다. 1929년 아카데미는 드브로이에게 푸앵카레 메달을 수여했고, 1932년에는 모나코 알베르트 1세 상을 수여했다.

1943년에 그는 앙리 푸앵카레 연구소에 응용역학 연구센터를 설립했다. 1952년에 유네스코는 드브로이에게 물리학을 대중화하고 일반인들에게 이해시킨 공로로 칼링가 상을 수여했다. 1955년 프랑스 국립과학연구센터는 그에게 금메달을 수여했다.

드브로이는 여러 개의 명예 학위를 받았고, 미국 국립과학아카데미, 런던 왕립학회를 포함한 많은 국제적인 학술협회의 회원이 되었다. 루이 드브로이는 1987년 3월 19일 94세로 프랑스 파리에서 세상을 떠났다.

드브로이는 물리현상을 완전히 다른 방법으로 해석하여 물리학자들이 물질을 원자 수준에서 더 잘 이해할 수 있도록 도와주었다. 모든 움직이는 입자들은 파동과 관계되어 있다는 그의 제안은 입자와 파동의 개념을 통합시키는 데 도움을 주었고, 자연의 이중성을 확실히 하여 현대 이론물리학의 기초를 마련했다. 따라서 그는 이 분야에서 가장 중요한 성과를 이룩한 이론의 제안자로서 파동역학의 창시자라고 불리는 것이 마땅할 것이다.

파동은 물질이 움직이지 않고도 한 장소에서 다른 장소로 에너지를 옮겨가는 매질의 흔들림이라고 할 수 있다. 파동은 횡파와 종파, 두 가지 종류로 나눌 수 있다. 횡파는 파동이 진행하는 방향과 수직한 방향으로 진동한다. 예를 들면 줄을 위아래로 흔들면 파동은 줄을 따라 전파되지만, 줄이 진동하는 방향은 줄과 수직 방향이다. 종파는 압축과 팽창을 통해 파동이 전달되는 것과 같은 방향으로 진동한다. 음파는 종파의 대표적인 예다.

파동은 파장, 진동수, 그리고 진폭의 세 가지 성질을 이용해 나타낼 수 있다. 파장은 한 파동의 같은 위치에서부터 다음 파동의 같은 위치까지의 거리를 말한다. 진동수는 1초 동안에 몇 번 진동하는지를 나타내고 진동수를 나타내는 단위는 헤르츠다. 진폭은 파동의 평균 높이에서부터 최고 높이까지의 높이를

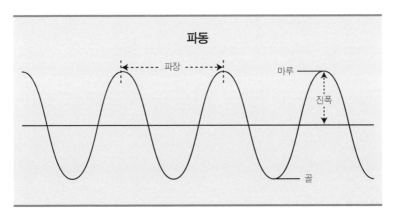

파장과 진폭은 파동의 두 가지 중요한 특징이다.

나타낸다. 파동의 속력은 파장과 진동수의 곱으로 나타내진다.

반사와 굴절은 파동이 가지는 대표적 성질이다. 파동은 장애물과 만나면 반사되어 적어도 일부분은 오던 방향으로 돌아간다. 예를 들면 메아리는 소리의 반사다. 굴절은 파동 성질이 다른 두 매질의 경계면을 통과하면서 진행방향이 바뀌는 현상을 말한다. 물속에 있는 물체를 보면 물체가 희미하게 보이는 것은 이 때문이다. 두 개의 파동이 같은 시간에 같은 장소에 있으면 간섭이 나타난다. 두 파동의 마루가 동시에 같은 장소에 도달하면 보강간섭이 나타나 파동의 진폭은 더 커진다. 그러나 한 파동의 마루와 다른 파동의 골이 같은 시간에 같은 장소에 도달하면 소멸간섭이 일어나 파동의 진폭은 더 작아진다. 대개의 경우 두 파동은 부분적인 간섭현상을 나타낸다. 회절은 파동이 장애물을 피해서 돌아가는 현상을 나타낸다.

파장 파동에서 마루와 마루 사이 또는 골과 골 사이의 거리

간섭 두 파동이 만나서 파동의 세기가 약해지거나 강해지는 현상. 두 파동이 만나 파동이 강해지는 것을 보강간섭, 약해지는 것을 소멸간섭이라고 부른다.

마루 파동에서 가장 높은 곳

골 파동에서 가장 낮은 지점

진폭 파동이 없을 때 평균적인 높이로부터 파동의 가장 높은 곳까지의 높이. 양자전자기학에서는 어떤 사건이 일어날 확률

연 대 기

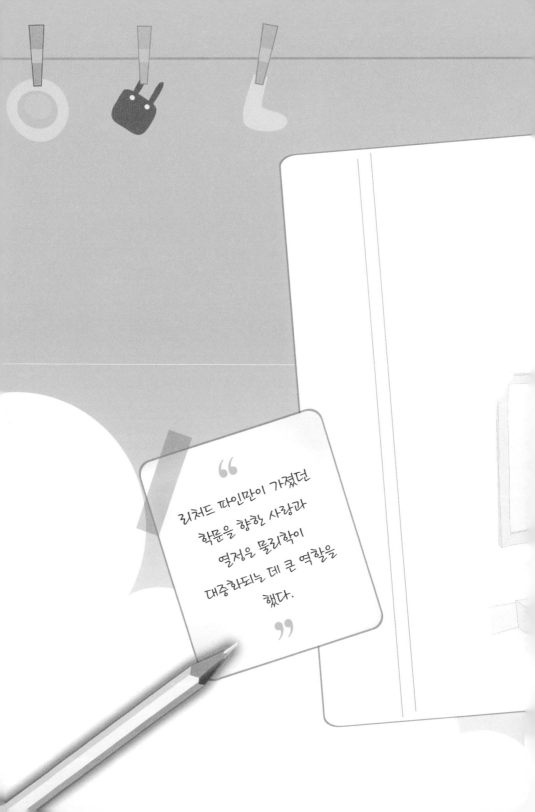

리처드 파인만이 가졌던
학문을 향한 사랑과
열정은 물리학이
대중화되는 데 큰 역할을
했다.

Chapter 9

물리학의 전도사,

리처드 파인만

Richard Feynman
(1918~1988)

양자전자기학 이론의 발전

　노벨상 수상자인 파인만을 잘 알고 있는 사람들은 그를 '이 시대의 가장 훌륭한 물리학자' 또는 '가장 사랑받는 현대 과학자'라고 평가한다. 보통의 천재와 달랐던 파인만은 전자와 같이 전하를 띤 입자들의 행동과 이 입자들과 전자기장의 상호작용을 설명하는 이론인 양자전자기학(QED)을 개척한 사람이다.

　그는 물리학에서 가장 완전한 이론이라고 알려져 있는 양자전자기학을 재구성했을 뿐만 아니라 입자들과 그들의 상호작용을 설명하는 복잡한 계산 대신에 그래프를 이용하는 간단한 방법을 만들어냈다. 물리학자들은 아직도 물리적 과정을 나타내기 위해 파인만 다이어그램과 그것들을 기술하는 수학적 표현을 사용하고 있다.

천재의 징후

리처드 필립 파인만은 1918년 5월 11일 뉴욕에서 멜빌과 루실 파인만 부부의 아들로 태어났다. 리투아니아 출신의 유대인으로 제복과 관계된 사업을 하던 아버지 파인만은 아들 파인만에게 자연을 탐구하는 방법과 질문하는 방법 그리고 사실을 기억하기보다는 이해하는 방법을 가르쳤다.

그가 아홉 살이었을 때 태어난 동생 조안은 후에 고체물리학 분야에서 박사 학위를 받고 캘리포니아의 파사데나에 있는 제트추진연구소의 항공과학자가 되었다.

어느날 파인만은 아버지에게 마차를 앞으로 끌면 마차 위에 있는 공이 왜 뒤로 굴러가고, 마차를 멈추면 마차 위에 정지해 있던 공이 왜 앞으로 굴러가느냐고 물었다. 아버지는 누구도 그 질문에 대답할 수 없다고 했다. 과학자들은 그런 현상을 관성이라고 부른다. 그러나 관성이라는 것이 왜 생기는지는 누구도 알 수 없다는 것이다. 물리학의 성격에 관한 이러한 지각은 그가 세계적으로 유명한 물리학자가 된 후까지도 그에게 남아 있었다.

오랫동안 파인만 가족은 뉴욕 주 파 라커웨이에 있는 집을 파인만의 이모네 가족과 함께 사용했다. 파인만은 자신의 사촌이 공부하는 것을 보고 수학을 배웠고 스스로 유클리드 기하학을 깨우쳐 어려서부터 천재적인 능력이 있다는 것을 보여 주었다.

지하실은 임시 화학 실험실로 사용했다. 그리고 그 지방의 선생님은 고등학교 화학 실험실 청소를 도와준 이 어린 천재에게 원자에 대해 가르쳐 주었다.

파인만이 고등학교에 진학할 때가 되었을 때 그는 정규 수학 수업에 싫증을 느끼고 혼자서 **미분**을 공부했다. 입체기하학에서 겪은 약간의 어려움을 통해 그는 보통 사람이 어려운 개념을 배우면서 겪는 실망감이 어떤 것인지 알게 되었다.

그가 성장기에 경험한 것들 중에서 오랫동안 영향을 끼친 또 다른 사건은 물리 선생님으로부터 **최소작용의 원리**를 배운

미분 연속적으로 변하는 양의 변화율을 다루는 수학의 한 분야

최소작용의 원리 빛이 전파될 때 시간이 최소가 되는 경로를 따라 진행한다는 것과 같이 자연에서 일어나는 일들이 어떤 양을 최소로 하는 것과 같은 과정을 통해 일어난다고 하는 원리

것이었다. 파인만은 깊은 진리를 나타내는 간단한 법칙으로 자연현상을 설명할 수 있다는 것을 알고 크게 흥분했던 것을 오랜 시간이 지난 후에도 기억했다.

파인만은 1935년 라커웨이 고등학교를 졸업할 때 거의 모든 과목에서 최고 점수를 받았다. 그러나 컬럼비아 대학은 이미 유대인

학생을 위한 할당인원이 다 채워졌다는 이유로 그의 지원서를 받지 않았다.

이모의 호텔에서 여러 가지 일을 하면서 여름을 보낸 그는 케임브리지로 이사하여 매사추세츠 공과대학(MIT)에 등록했다. 대학에 다니는 동안 동아리 활동을 했고, 인문학 과목에서는 어려움을 겪기도 했지만 대학원 수준의 물리 과목에서는 가장 좋은 점수를 받았다. 담당교수는 파인만이 물리학에 뛰어난 재능을 가지고 있다는 것을 알아차리고 3년 만에 졸업할 수 있도록 대학에 요청했지만 허락되지는 않았다.

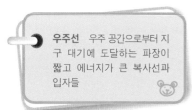

우주선 우주 공간으로부터 지구 대기에 도달하는 파장이 짧고 에너지가 큰 복사선과 입자들

1939년에 파인만은 M. S. 발라타 교수와 함께 저명한 학술지인 〈피지컬 리뷰〉에 〈은하의 별들에 의한 **우주선**의 산란〉이라는 논문을 발표했다. 이 논문에서 파인만은 우리은하 밖에서 오는 우주선들의 행동을 계산했다. 그리고 자신만의 고유한 연구를 해야 한다는 졸업 조건을 만족시키기 위해 결정체 안에서의 정전기력에 대해 연구했다. 그가 4학년 때 쓴 〈분자 내에서의 힘〉이라는 논문 요약본이 그 해 말 〈피지컬 리뷰〉에 실렸다.

프린스턴과 전쟁

파인만이 MIT에 입학할 때는 수학을 공부하겠다는 계획이었지만, 곧 전기공학으로 전공을 바꾸었다가 결국은 중요한 혁명이 진행 중이었던 물리학으로 바꾸었다.

독일의 물리학자 막스 플랑크가 에너지가 양자라고 부르는 덩어리로 존재한다고 제안한 1900년 이래 물리학자들은 물질의 구조와 행동을 다루는 양자물리학의 기초를 확립했다. 고전적인 이론은 많은 경우에 매우 유효하다는 것이 증명되어 있었지만 원자나 원자보다 작은 입자들의 행동을 설명하는 데는 실패했다. 1920년대에 원자 주위를 돌고 있는 전자가 모든 에너지를 가질 수 있는 것이 아니라 불연속적인 에너지 준위의 에너지만 가질 수 있다는 것이 발견되었고, 빛과 입자들이 파동과 입자의 이중성을 가진다는 것도 발견되었다. 그리고 동시에 입자의 위치와 운동량을 정확하게 측정하는 것은 불가능하다는 불확정성의 원리도 발견되었다. 파인만은 양자역학에 큰 매력을 느꼈고, 매우 복잡해 보이는 문제에 끌려들어 갔다.

그는 MIT에 계속 머물고 싶어 했지만 교수들은 다른 곳에서 공부를 계속하라고 권했다. 그의 성적은 프린스턴 대학의 입학 관계자들을 어리둥절하게 만들었다. 거의 완벽한 성적을 받은 수학과 물리학과는 대조적으로 역사, 문학 그리고 예술 과목의 점수는 좋지 않기 때문이다.

파인만이 앞으로 물리학 분야에서 큰일을 할 것이라는 MIT 교수들의 추천서 덕분에 그는 1939년 대학을 졸업한 후 뉴저지로 옮겨 갈 수 있었다.

프린스턴 대학원에 입학한 파인만은 관심사가 같고 성향이 비슷한, 젊고 대담한 존 휠러 교수를 자신의 지도교수로 결정했다. 파인만은 휠러 교수와 전자기학을 양자화하려는 시도를 어렵게 만드는 문제들에 대해 많은 토론을 했다.

1940년대 초는 시기적으로 좋지 않았다. 제2차 세계대전에 미국이 참전하게 되자 독일이 원자폭탄을 개발할지도 모른다는 염려 때문에 미국도 같은 시도를 하게 되었다. 맨해튼 프로젝트의 중요한 연구는 비밀리에 뉴멕시코 주 로스 알모스에서 진행되었다.

미국 내 모든 대학의 연구자들은 자신들의 모든 자원을 활용해 이 프로젝트를 지원했으며 파인만 역시 더 안정하고 흔한 우라늄 238로부터 방사성이 강한 우라늄 235를 분리해내는 기술을 개발하고 있던 프린스턴의 물리학자 로버트 윌슨 팀에 합세했다. 파인만은 폭발 압력을 측정하는 연구에도 관계했다.

파인만은 MIT 1학년 때 고등학교 때부터 사귀었던 아를린 그린바움과 약혼했다. 1941년 그녀가 림프 결핵으로 심하게 앓자 그녀의 병세가 매우 위독하다는 것을 알게 된 파인만은 학교를 졸업하는 대로 결혼하기로 했다. 그는 논문을 쓰는 데 필요한 연구를 이미 끝낸 상태였다. 하지만 박사 학위를 받기 위해서는 아직 학위 논문을 써야 했고 그것을 발표한 후 인준을 받아야 했다.

아를린의 병세가 더욱 악화되자 그는 잠시 전쟁 연구를 밀어 놓고

〈양자역학에서의 최소작용의 원리〉라는 제목의 학위 논문을 써서 발표를 마쳤다. 그는 이론물리학 분야에서 1942년에 박사 학위를 받고 며칠 후 아를린과 결혼했다.

1943년에 맨해튼 프로젝트의 책임자였던 율리우스 로버트 오펜하이머는 파인만을 로스 알모스로 차출했다. 그는 파인만의 천부적인 능력에 깊은 감명을 받고 다음 해 그를 이론 분야의 계산 책임자 자리에 앉혔다. 그의 임무 중 하나는 한 곳에 안전하게 보관할 수 있는 방사능 물질의 양을 계산하는 것이었다.

1945년 6월 16일 아내 아를린이 사망하고 한 달 후 파인만은 맨해튼 프로젝트에 관계된 다른 과학자들과 함께 최초의 원자폭탄 폭발을 지켜보았다. 후에 그는 자신의 이론적 계산에 확신을 가지고 있기는 했지만 성공적인 결과를 보고 나서야 안심이 되었다고 그때의 일을 회상했다.

가장 완벽한 물리학 이론

전쟁이 끝난 후 코넬 대학은 파인만을 조교수로 임명했고, 그는 새로운 마음가짐을 갖고 전자기학 연구를 시작했다.

대학 시절부터 파인만은 모든 물질의 성질을 설명할 수 있는 양자이론을 개발하고 싶어 했다. 수백 년 동안 과학자들은 운동법칙, 중력법칙, 전기와 자기에 관한 법칙을 밝혀내 수많은 자연의 비밀을 풀어냈다. 이러한 고적적인 법칙들은 20세기에 원자의 구조를 밝혀내기 전까지는 자연의 거의 모든 현상을 설명할 수 있었다. 물리학자들은 원자 또는 원자보다 작은 크기에서 발견된 현상들을 설명하기 위해 양자물리학을 발전시켰다. 그러나 파인만은 빛과 물질의 상호작용을 설명하려는 그때까지의 노력에 만족할 수 없었다.

박사 학위 연구를 출발점으로 하여 파인만은 기존 이론에서 전자의 자체 에너지가 무한대가 되는 문제점을 해결하기 위한 연구를 시작했다. **장이론**은 입자 사이의 상호

장이론 공간에서 거리에 따라 일어나는 현상을 다루는 모든 이론

작용을, 전하를 둘러싸고 있는 힘의 장을 이용해서 설명했다. 힘의 장의 세기는 거리의 제곱에 반비례해서 줄어든다. 고전 장이론에 의하면 입자들은 자신에게도 힘을 작용한다. 하지만 자신 안에서의 거리는 0이기 때문에 자신이 만든 장에 의한 힘의 크기는 무한대가 되어야 하고 따라서 자체 에너지도 무한대가 되어야 한다. 그렇게 되면 에너지와 관계있는 질량도 무한대가 되어야 한다. 파인만은 전자는 자신에게 힘을 작용하지 않는다고 결론짓고 고전 장이론 대신에 수정된 이론을 발전시켰다.

1945년에 휠러와 파인만은 〈현대물리학 리뷰〉지에 〈복사선 역학으로 흡수체에 의한 상호작용〉이라는 논문을 발표했다. 이 논문에서 그들은 전자기장의 반은 그것을 만들어낸 전자가 가속되기 전에 내놓고 반은 전자가 가속된 후에 내놓는다고 주장했다. 1949년에는 〈현대물리학 리뷰〉지에 〈직접적인 입자 사이의 상호작용에 있어서의 고전 전자기역학〉이라는 논문을 발표해 이런 생각을 더욱 발

전시켜 고전 전자기학을 장의 개념을 도입하지 않고도 설명할 수 있다는 것을 보여 주었다. 그 결과 자체 상호작용을 제거하고 한 입자의 운동이 다른 입자의 운동에 어떤 영향을 주는지에만 관심을 집중할 수 있게 되었다.

전자가 가지는 무한대의 자체 에너지 문제를 해결해서 모순이 없는 전기역학을 만든 파인만은 그것을 양자화하는 일을 시작했다. 그러나 그의 동료들은 그의 비전통적인 접근 방법을 받아들이려고 하지 않았다.

파인만은 자신의 이론이 수소 원자 에너지 준위의 램 시프트를 어떻게 설명할 수 있는지를 보여 주었다. 그는 경로적분 방법이라는 계산 방법을 도입하여 원자보다 작은 세계에서 일어나는 일들을 정확하게 예측할 수 있도록 했다. 이것이 유명한 파인만 다이어그램이다. 양자전자기학에 대한 그의 재구성은 양자전자기학의 대단한 발전이었다. 디랙의 이론이 전자의 자기 모멘트 값을 1이라고 예측했다면 파인만의 이론은 전자의 자기 모멘트 값을 1.00115965246 ± 20이라고 예측할 수 있게 했으며 이는 실험을 통해 확인한 값인 1.00115965221 ± 4와 아주 가까운 값이었다.

화살표와 진폭

양자전자기학에 대한 파인만의 접근을 가장 잘 설명하는 방법은 1985년에 그가 쓴 《빛과 물질에 대한 이상한 이론》에서, 유리에서

부분적으로 반사하는 빛을 설명한 방법을 따르는 것이다.

빛은 전자기파이지만 광자라는 입자로 작용한다. 빛이 유리의 표면을 비추면 빛은 표면에서 반사되기도 하고 유리 안으로 들어가기도 한다. 창문을 통해서 내다보고 있을 때는 창문을 통해 밖에서 들어오는 빛과 내부의 빛이 창문의 표면에서 부분적으로 반사된 빛을 함께 보고 있는 것이다. 하나의 광자가 유리를 통과할지 아니면 표면에서 반사할지를 알 수 있는 방법은 없다. 그러나 많은 광자들이 있는 경우에는 실험을 통해 몇 퍼센트의 광자가 창문을 통과하고 몇 퍼센트의 광자가 표면에서 반사할지를 결정할 수 있다.

예를 들어 보통의 유리는 96퍼센트의 빛을 통과시키고 4퍼센트의 빛은 반사한다. 창문에는 표면이 두 개 있다. 하나는 바깥쪽 표면이고 하나는 안쪽 표면이다. 빛은 유리로 들어갈 때도 4퍼센트 반사하지만 유리에서 나올 때도 4퍼센트 반사한다. 그렇다면 빛이 유리창을 통과하는 동안에 반사하는 빛의 양은 총 4퍼센트+4퍼센트=8퍼센트가 되어야 할 것이라고 생각하기 쉽다. 그러나 재미있는 것은 유리창에서 반사되는 빛은 유리창의 두께에 따라 달라져 0퍼센트에서 16퍼센트 사이의 값을 가진다는 것이다. 만약 빛을 전자기파라고만 생각한다면 왜 이런 현상이 생기는지를 설명할 수 있다. 하지만 빛이 광자라는 알갱이라고 생각할 때는 어떻게 설명할 수 있을까?

파인만은 입자의 운동을 나타내기 위해 화살표를 이용했다. 두 개의 화살표는 각각 앞면과 뒷면에서 반사된 광자를 나타냈다. 화살표의 길이는 그러한 일이 일어날 확률과 관계되어 있었다. 화살표를

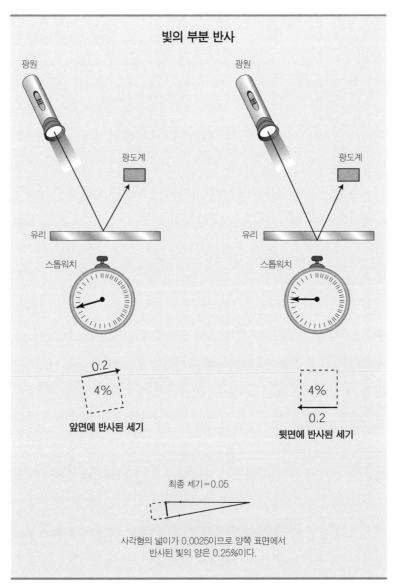

빛의 부분 반사

광원

광도계

유리

스톱워치

0.2

4%

앞면에 반사된 세기

광원

광도계

유리

스톱워치

4%

0.2

뒷면에 반사된 세기

최종 세기=0.05

사각형의 넓이가 0.0025이므로 양쪽 표면에서
반사된 빛의 양은 0.25%이다.

아주 얇은 유리의 양쪽 표면에서 반사되는 빛의 세기를 나타내는 최종 화살표의 길이는 매우
짧다.

한 변으로 하는 정사각형의 넓이가 그런 사건이 일어날 확률을 나타냈으므로 화살표의 길이는 확률의 제곱근을 나타냈다. 이제 바늘이 하나만 있는 유행이 지난 스톱워치(디지털시계가 아닌)를 빛이 광원을 떠날 때 스위치를 눌러 가도록 하고 빛이 목적지인 광도계에 도달하면 멈추도록 해 보자. 이 때 스톱워치 바늘의 방향을 화살표의 방향이라고 하자. 유리의 앞면에서 반사된 빛의 경우에는 이 화살표의 방향을 180도 돌려주고 뒤쪽 표면에서 반사된 빛의 방향은 스톱워치의 방향과 일치하도록 그대로 두자.

매우 얇은 유리의 표면에서 반사되는 빛의 양은 거의 0에 가깝다. 이 양은 파인만의 화살표를 이용하면 쉽게 계산할 수 있다. 한 화살표의 길이는 빛이 유리의 앞면에서 반사될 확률을 나타내고, 다른 화살표의 길이는 빛이 유리의 뒷면에서 반사될 확률을 나타낸다. 이 두 화살표를 더하면 빛이 반사될 확률을 구할 수 있다. 유리가 매우 얇기 때문에 빛이 유리를 통과하는 시간이 아주 짧아 앞면에서 반사된 빛이나 뒷면에서 반사된 빛이 검출기에 도달하는 시간은 거의 같다. 따라서 두 화살표의 방향은 거의 같다. 그런데 앞면에서 반사된 빛은 공기 중에서 진행하다가 유리로 들어가는 표면에서 반사되었으므로 화살표를 180도 더 돌린다. 뒷면에서 반사된 빛은 유리 속에서 진행하다 공기로 나가는 표면에서 반사되었으므로 화살표의 방향은 그대로 둔다(소한 매질에서 밀한 매질로 들어가는 경계면에서 반사된 빛은 원래의 빛과 180도 위상차가 난다). 그렇게 되면 두 면에서 반사된 빛을 나타내는 화살표의 방향이 거의 반대가 되어 합이 아주 작아진다. 정밀한 계산에 의하면 앞면에서 반사된 빛을 나타내는 화살표의 길이가 0.2이고 뒷면에서 반사된 빛을 나타내는 화살표의 길이가 0.2이면 두 화살표를 합한 길이는 0.05가 된다. 따라서 빛이 얇은 유리에 의해 반사될 확률은 0.0025 또는 0.25%라는 것을 알 수 있다. 유리의 두께가 얇으면 얇을수록 화살표의 길이는 짧아지고 빛이 유리에 의해 반사될 확률은 0으로 다가간다.

반대로 말하면 유리의 두께가 두꺼워지면 빛이 유리를 통과하는 데 걸리는 시간이 길어져서 앞면과 뒷면에서 반사된 빛을 나타내는 화살표의 방향의 차이가 커질 것이다. 그래서 어떤 두께에 이르면 앞면과 뒷면에서 반사된 빛을 나타내는 화살표의 방향이 180도 차이가 나게 될 것이다. 그런 경우에 앞면에서 반사된 빛의 방향을 180도 돌리면 두 빛의 화살표가 같은 방향을 가리키게 되고 이 경우 두 화살표의 합은 0.4가 된다. 그것은 16%의 빛이 반사된다는 것을 의미한다. 그러나 유리의 두께가 이보다 더 두꺼워지면 두 화살표는 같은 방향을 향해 다가간다. 그러다가 일정한 두께에 이르면 앞면과 뒷면에서 반사된 빛의 화살표는 같은 방향을 가리키게 되어 두 화살표를 더한 결과는 0이 된다. 이것은 이 두께의 유리에서는 빛이 모두 통과하고 반사하지 않는다는 사실을 나타낸다. 이보다 유리의 두께가 더 두꺼워지면 지금까지 일어났던 일이 반복된다. 따라서 유리에서 반사되는 빛의 양은 두께에 따라 0%에서 16% 사이의 값이 된다.

이 방법을 이용하면 물 위에 뜬 기름이나 비눗방울에 의해 나타나는 무지개 색깔도 쉽게 설명할 수 있다. 비눗방울이나 기름의 얇은 막이 유리판과 같은 역할을 한다. 이러한 확률 계산법을 이용하면 빛이 직진하는 것, 반사할 경우 입사각과 반사각이 같은 것, 렌즈가 빛을 모을 수 있는 것 등 빛이 가지고 있는 여러 가지 특징을 설명할 수 있다.

실제로 빛의 모든 현상은 파인만의 양자전자기학 이론으로 모두 설명할 수 있다. 물리학자들은 여러 가지 사건이 중복된 경우에도 각 사건의 확률을 나타내는 화살표를 차례로 곱해 최종 확률을 계산해낼 수 있다. 화살표의 곱하기 계산은 화살표의 길이를 늘이거나 줄이고 화살표를 회전시키는 것으로 끝난다.

이러한 방법이 양자전자기학의 목표인 빛과 물질의 상호작용을 어떻게 설명할 수 있을까?

광자가 유리 표면에 충돌하는 경우에는 되튀어 나오는 것이 아니라 물질을 이루는 입자 즉, 유리 속의 전자들과 상호작용한다. 전자는 광자를 흡수하고 다른 광자를 방출한다. 그리고 이 광자는 다른 전자가 흡수한다. 프랑스의 물리학자 드브로이는 한때는 입자로만 생각했던 전자가 파동의 성질도 가지고 있다는 것을 밝혀냈다. 따라서 전자의 행동을 다룰 때에도 파동의 특징인 간섭과 같은 복잡한 현상이 일어날 가능성을 고려해야 한다. 따라서 전자의 행동을 예측할 화살표는 시공간에서 전자가 가질 수 있는 모든 위치를 고려해야 한다.

양자전자기학은 광자와 전자 사이의 3가지 기본적인 작용이 빛과 물질 사이에서 일어나는 모든 현상을 일으킨다고 본다. 광자가 한 장소에서 다른 장소로 이동하는 것, 전자가 한 장소에서 다른 장소로 이동하는 것, 그리고 전자가 광자를 흡수하거나 방출하는 것이 그것이다.

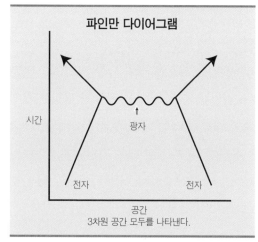

지구의 중력은 달이 우주 공간으로 날아가 버리지 않고 행성 궤도를 돌도록 잡아당기고 있다.

시공간의 한 점 A로부터 B로 광자가 이동할 확률 P(A에서 B)는 파동 모양의 화살표로 나타낸다. 전자가 한 지점 A로부터 B로 이동할 확률 E(A에서 B)도 위치와 시간에 따라 달라진다. 전자의 움직임을 나타내는 두 점 사이를 잇는 직선은 A와 B점 사이에 있는 무한히 많은 경로를 통과할 확률의 합을 나타낸다. 접점 또는 결합이라고 불리는 세 번째 작용은 두 개의 직선이 파동 모양의 화살표와 만나고 j가 −1로 같은 값을 가질 때 일어난다. j 값이 −1이라는 것은 길이는 10분의 1로 줄어들고 방향은 반 바퀴 돈다는 것을 나타낸다. 양자전자기학의 규칙들은 접점에서 어떤 작용이 일어날지를 결정한다.

이 세 가지 간단한 작용들은 여러 가지 방법으로 결합되어 사건이 일어날 확률을 계산할 수 있도록 한다. 예를 들면 물리학자들은 두 개의 전자가 두 개의 다른 지점으로 이동할 확률을 계산할 수 있다. 일어날 수 있는 모든 가능한 방법을 결정하고 그 모든 확률을 곱하고 더하는 것은 쉬운 작업이 아니다. 그러나 파인만 다이어그램을 이용하면 이 과정을 매우 간단하게 할 수 있다. 물리학자들은 이 다이어그램을 이용하여, 계산하기에는 너무 복잡한 사건도 나타낼 수 있다.

1965년 스웨덴 왕립 과학아카데미는 양자전자기학에 대한 기초 연구와 입자물리학 발전에 기여한 공로로 파인만, 하버드 대학의 줄리앙 슈빙거, 일본의 신이치로 도모나가에게 노벨상을 수여했다. 세 사람은 모두 **재규격화** 또는 전자의 전하와 질량을 설명하는 변수에 대한 새로운 정의를 통해 양자전자기학의 가장 골칫거리였던 무한대의 문제를 해결했다.

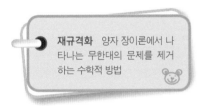

재규격화 양자 장이론에서 나타나는 무한대의 문제를 제거하는 수학적 방법

슈빙거와 도모나가는 전기장, 자기장과 관계된 이미 존재하는 식을 바탕으로 이 문제를 해결한 반면 파인만은 시공간에서의 입자가 한 지점에서 다른 지점으로 움직이는 것에 초점을 맞추어 이것을 해냈다. 파인만은 과정을 단순화한 몇 가지 간단한 규칙에 근거를 둔 전혀 새로운 그림을 이용했다. 결과적으로 물리학자들은 어떤 실험의 결과를 놀랍도록 정확하게 예측할 수 있었고 그런 예측은 실험을 통해 확인되었다.

지적으로 고무된 환경

1951년부터 1952년까지 브라질에서 안식년을 보낸 파인만은 캘리포니아 공과대학으로 가서 다양한 물리학 분야 발전에 기여하면서 남은 생을 그곳에 머물렀다.

파인만은 액체 헬륨의 이상한 성질을 연구하기도 했다. 액체 헬륨은 중력을 거슬러 올라가는 행동을 보이기도 하고, 마찰력이 없어져 물체가 자유롭게 낙하할 수 있도록 하기도 하며, 낮은 온도에서 두 가지 다른 상태의 액체가 존재하고, 얼지 않는 등의 많은 특수한 성질을 가지고 있다. 평소처럼 파인만은 다른 사람들의 이전 연구를 무시하고 자신의 경로 적분법을 이용하여 절대 0도 부근에서 액체 헬륨의 점성이 사라져 **초유체**의 성질을 가지게 되는 현상을 설명하려고 시도했다.

> **초유체** 절대 0도 가까운 온도에서 액체 헬륨의 마찰력이 사라진 상태

절대 0도는 양자역학이 적용되는 한계 내에서 가장 낮은 이론적인 온도이다. 이 온도에서도 입자는 작은 운동을 해야 한다. 그렇지 않으면 위치와 운동량을 동시에 정확하게 측정할 수 없어야 한다는 불확정성원리에 어긋나기 때문이다. 1953년부터 1958년까지 파인만은 액체 헬륨이 가지고 있는 초유체의 양자역학적 기초에 대한 10편의 논문을 발표했다.

1956년부터 1957년 사이에 파인만은 불안정한 원소의 점차적인 방사성 붕괴의 원인이 되는 입자 사이의 약한 상호작용에 대해

연구했다. 강한 상호작용이라고 불리는 상호작용은 원자핵 안에서 양성자들 사이의 반발력을 이기고 양성자와 중성자를 단단히 결합시킨다. 그는 훨씬 약한 핵력이 존재하고 이 약한 핵력이 방사성 원소의 베타붕괴가 일어나도록 한다고 믿었다. 베타붕괴에서는 불안정한 원자핵 내의 중성자가 전자와 **반중성미자**를 내놓고 양성자로

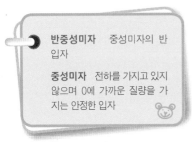

반중성미자　중성미자의 반입자

중성미자　전하를 가지고 있지 않으며 0에 가까운 질량을 가지는 안정한 입자

바뀐다. **중성미자**는 전하를 가지고 있지 않고 측정 가능한 질량을 가지고 있지 않다. 가까운 거리에서만 작용하는 약한 핵력은 입자의 성질을 바꾸어 원자핵에서 전자가 나오도록 한다.

약한 상호작용에 대한 파이만의 설명은 양자전자기학의 규칙과 같은 규칙에 따른다. 약한 상호작용은 양자전자기학과 마찬가지로 재규격화에 의해 제거되어야 할 무한대의 문제도 가지고 있다.

그의 동료였던 겔만 역시 같은 결론을 이미 얻어 놓고 있었기 때문에 학과장은 파인만과 겔만에게 공동으로 논문을 발표할 것을 권했다. 따라서 두 사람은 1958년에 〈피지컬 리뷰〉지에 〈페르미 상호작용의 이론〉이라는 제목의 논문을 공동으로 발표했다.

이 논문은 패리티 혁명에 크게 기여했다. 패리티 혁명이란 자연의 모든 현상에 왼손잡이와 오른손잡이가 대칭을 이루고 있을 것이라는 생각이 옳지 않다는 것을 밝혀내는 것이었다. 과학자들이 자연법칙이 오른손잡이와 왼손잡이에게 각각 다르게 적용된다는 사실을 발견한 것이다.

파인만과 겔만은 파동함수의 왼손잡이 부분만 약한 상호작용에 참여한다는 것과 약한 상호작용은 모든 입자 사이에서 같은 세기로 작용한다는 것을 제안했다. 이 연구는 또한 양성자와 중성자가 그보다 작은 물질로 이루어져 있다고 예측할 수 있도록 했다. 많은 물리학자들은 초유체와 약한 상호작용에 대한 파인만의 연구가 또 하나의 노벨상을 받을 만한 가치가 있는 것이라고 믿었다.

파인만은 겔만이 **쿼크**를 발견하는 데도 기여했으며 원자보다 작은 입자들의 내부 구조를 이해할 수 있도록 한 **양자색깔역학** 이론의 발전에도 중요한 역할을 했다. 또한 전자와 상호작용하는 작은 입자로 쿼크와 쌍을 이루는 파트론을 제안하여 입자 세계의 대칭적 구조를 이해하는 데 도움을 주었다.

자연에 존재하는 네 가지 근본적인 힘들 중에서 두 가지 힘인 전자기학과 약한 핵력을 이해하는 데 크게 공헌한 파인만은 이제 중력을 연구하기 시작했다. 중력의 양자이론을 발전시키고 싶었던 그는 과학계의 기존의 연구 대신 새로운 방법으로 이 문제를 다루기 시작했다.

> **쿼크** 물질을 이루는 가장 작은 단위의 입자로 여섯 가지 향기와 세 가지 색깔이 있다. 쿼크가 결합하여 강입자를 만든다.
>
> **양자색깔역학**(QCD) 쿼크를 결합시키고 있는 강한 핵력에 대해 연구하는 물리학의 한 분야
>
> **그래비톤** 중력을 전달해 주는 이론적인 입자

그는 고전 중력 이론을 물질이 중력을 전달하는 가상적인 입자인 **그래비톤**을 교환하는 상호작용으로 설명할 수 있다는 것을 보여 주었다.

1960년대에 캘리포니아 공과대학 학부의 일반물리학 강의를 보

강할 필요가 있게 되자 파인만은 스스로 기초 물리학 강의를 맡기로 결심했다. 그의 강의는 강의노트를 사용하는 일은 거의 없었지만 복잡한 문제들을 명료하게 설명하여 학생들을 즐겁게 하는 명강의로

이름 날렸다. 그의 강의는 유명해졌고 그가 강의한 내용은 《파인만 물리학 강의》(1963~1965)라는 세 권의 책으로 출판되어 일반 물리학의 고전 교과서가 되었다. 그 후 그의 다른 많은 강의들도 책으로 출판되었다.

대중적 유산

1986년 1월 28일에 있었던 우주 왕복선 챌린저호의 폭발로 승무원 일곱 명이 사망하자 전 미국인들은 경악했다. 파인만은 이 사고의 원인을 조사하기 위한 대통령위원회에 포함된 유일한 과학자였다. 그의 날카로운 지적을 못마땅하게 여긴 미항공우주국(NASA)은 마지못해 그의 보고서를 맨 뒤에 첨부했다.

사고가 나던 날 기술자들은 임무를 진행하기에는 날씨가 너무 춥다고 건의했다. 그러나 책임자들은 그런 요구를 무시했고 우주 왕복선은 발사 직후 폭발했다. 기자회견에서 파인만은 O형으로 생긴 고무 고리를 구부린 다음 얼음 물 속에 떨어뜨려 보았다. 기자들은 추운 날씨 속에서 고무 고리가 제 모양을 찾아가는 것을 지켜보았다. 이 극적인 실험을 통해 파인만은 추운 날씨로 인해 연결부분을 밀폐시켜 주는 O형의 고무 고리가 빨리 제자리를 잡지 못해 뜨거운 기체가 새어 나오도록 했고 로켓 추진체에 구멍을 내 화재를 일으켰다는 사실을 증명했다. 그 비극은 예방할 수 있는 것이었다.

파인만은 1952년 메리 루이빌 벨과 재혼하여 1956년까지 살았고, 1960년에는 세 번째로 그웬네스 호와스와 결혼해서 1962년에는 아들 칼을 낳았고 1968년에는 미셸을 양녀로 입양했다.

그로부터 십여 년 후 위암 진단을 받은 파인만은 수술 직후 앞으로 10년 이상은 살 수 없다는 진단을 받았다. 다음 10년 동안 재발한 암을 제거하기 위해 세 번 더 수술을 받았고 사망 2주 전까지 강의를 계속했다.

혼수상태에 빠져 있던 파인만은 1988년 2월 15일 캘리포니아주 로스앤젤레스에서 세상을 떠났다. 그의 여동생은 그가 세상을 떠나기 며칠 전 혼수상태에서 잠시 깨어나 "죽는 것이 꽤 귀찮은 일이로구나." 하고 말했다고 전해 주었다.

뛰어난 과학자였으며, 문제 해결사였고, 자연의 해설자였던 파인만은 미국 물리학회, 미국 과학진흥협회, 국립 과학아카데미, 런던의 왕립학회 등 많은 단체에 가입하여 활동하기도 했다.

1954년에는 알베르트 아인슈타인 상을 받았고, 1973년에는 닐스 보어 국제 금메달을 받았다.

그의 비망록인 《파인만 씨 농담도 잘하시네》와 《다른 사람이 생각하는 것에 대해 얼마나 신경을 썼습니까?》는 그의 인간적인 면을 잘 드러내 보이고 있다. 그는 호기심이 많은 사람이었으며, 항상 웃는 사람이었고, 위선적인 것을 싫어하고, 장난기가 많은 사람이었다.

파인만이 물리학계에 남긴 유산 중에 가장 중요한 것은 입자 사이의 상호작용을 나타내는 데 복잡한 수학적 표현 대신 간단한 그래프를 사용할 수 있도록 했고 기본적인 원리가 명료하게 드러나도록 양자전자기학을 재구성한 것이었다. 파인만의 연구는 자연에 존재하는 네 가지 기본적인 힘들 중에서 전자기력과 약한 핵력에 대한 이해에 심오한 영향을 끼쳤고, 세 번째와 네 번째 힘인 중력과 강한 핵력의 이해에도 어느 정도 영향을 주었다. 그의 발견은 입자물리학을 발전시켰고 초유체 성질을 설명할 수 있게 했다.

그가 세상을 떠나기 전에는 물론 그가 세상을 떠난 후에도 많은 학생들과 교수들이 그의 강의록을 엮은 세 권의 파인만 물리학 강의에서 배운 명료한 지식을 바탕으로 물리학을 깊이 이해할 수 있었다. 노벨상을 수상하게 한 연구 업적만큼이나 중요한 것은 파인만이 교류했던 수천 명의 어린 학생과 대학생들이 스스로 좋아하는 학문을 충분히 이해하고 사랑할 수 있도록 만든 일일 것이다.

폴 디랙 Paul dirac (1902~1984)

케임브리지 대학의 루커스좌 교수였던 영국 물리학자 폴 안드리안 마우리스 디랙은 1920년대의 양자물리학 혁명을 이끈 지도자 중 한 사람이다. 오스트리아의 물리학자 볼프강 파울리와 독일의 물리학자 베르너 칼 하이젠베르크와 함께 디랙은 전자와 같은 입자들과 전자기파 사이의 상호작용을 다루는 양자전자기학의 핵심 원리를 만들어낸 중요한 사람이었다.

1928년에 그는 원자 속에서의 전자의 행동을 수학적으로 기술하는 슈뢰딩거 방정식을 수정한 완전한 방정식을 제안했다. 그는 전자의 질량과 전하량에 관한 정보를 이용해 스핀이나 자기적 성질과 같은 다른 특징을 예측할 수 있는 방정식을 개발했다. 디랙의 방정식은 플러스 전하를 가진 전자인 양전자의 존재를 예측했고 1932년에 미국의 물리학자 칼 데이빗 앤더슨이 양전자를 실제로 발견했다.

디랙의 양자전자기학은 전하를 띤 입자들 사이의 영향을 예측하게 하는 데 큰 도움을 주었지만 전자에 무한대의 전하와 질량을 부여하는 결정적인 결함을 가지고 있었다. 게다가 미국의 물리학자 윌스 램은 수소 원자핵을 돌고 있는 두 전자들의 에너지가 조금 차이가 나는 현상을 발견했는데 이것은 디랙의 방정식에 맞지 않는 것이었다. 이 현상은 '램 시프트'라고 알려져 있다.

디랙은 1930년에 양자역학을 설명한 최초의 교재 《양자역학》을 출판했다. 이 책은 현재까지도 이 분야의 고전으로 인정받고 있다. 파인만이 대학에 입학하던 1935년에 출판된 2판은 파인만에게 양자전자기학에 대해 알게 해 주었다. 디랙의 책을 읽으면서 파인만은 현재의 전기와 자기에 대한 양자이론에는 결함이 있다는 결론을 얻게 되었으며 이 책의 마지막 문장이 특히 그에게 깊은 인상을 심어 주었다.

"여기에는 근본적으로 새로운 아이디어가 필요한 것 같다."

1918	5월 11일 뉴욕에서 출생
1939	MIT에서 물리학으로 학사 학위 받음
1941~45	프린스턴 대학과 로스 알모스에서 맨해튼 프로젝트에 참여
1942	프린스턴 대학에서 이론물리학으로 박사 학위 받음
1945	코넬 대학 물리학과의 조교수가 됨
1948~49	고전 전자기학을 새롭게 정의하고 양자전자기학 (QED)를 새롭게 구성하였으며 경로 적분 방법 또는 파인만 다이어그램을 소개한 논문 발표
1950	캘리포니아 공과대학의 교수가 됨
1953~58	양자역학을 이용해 액체 헬륨의 초유체 설명
1958	뮤레이 겔만과 베타붕괴를 설명하는 약한 상호작용 이론이 들어 있는 논문 발표
1959	캘리포니아 공과대학의 리처드 케이스 톨만 물리학 교수가 됨
1963~65	파인만의 물리학 강의 세 권을 책으로 출판
1965	신이치로 도모나가, 줄리앙 슈빙거와 양자전자기학의 기초를 닦은 연구로 노벨상 공동 수상
1985	《QED: 빛과 물질의 이상한 이론》 출판
1986	우주 왕복선 챌린저호 폭발사고 조사를 위한 대통령위원회에서 근무
1988	캘리포니아 로스앤젤레스에서 암으로 사망

겔만은 1969년
소립자 분류체계를
발전시킨 공로로
노벨 물리학상을 받았다.

Chapter 10

소립자의 상호작용을 밝힌

머레이 겔만

Murray Gell-Mann
(1929~)

소립자의 분류와 그들의 상호작용

세상은 무엇으로 이루어졌을까?

한때 사람들은 물질을 이루는 가장 작은 단위가 원자라고 생각했다. 원자를 뜻하는 영어 단어인 아톰^{atom}은 더 쪼갤 수 없는 알갱이라는 뜻을 가지고 있다. 그런데 1897년에 조셉 존 톰슨이 처음으로 원자보다 작은 알갱이이며 음전하를 띠고 있는 전자를 발견했다. 1911년에는 영국의 어니스트 러더퍼드가 원자가 무거운 원자핵과 그 주위를 도는 전자들로 구성되었다는 것을 발견했다. 그리고 3년 후에는 양전하를 띠며 원자핵을 이루고 있는 입자인 양성자가 존재한다고 발표했다.

또 다른 영국의 물리학자 제임스 채드윅이 1932년에 중성자를 발견했을 때 물리학자들은 우주 만물의 물질을 구성하고 있는 근본 입자들을 모두 알아냈다고 확신했다. 그러나 전자, 양성자 그리고 중성자는 20세기 중반에 발견된 수백 개나 되는 소립자들의 선도자였을 뿐이었다. 당황한 과학자들은 이 입자들을 '입자 동물원'이라고 불렀다. 그리고 혼란스러운 소립자들의 세계를 잘 정리할 수 있는 방법을 열심히 찾기 시작했다.

미국의 물리학자 머레이 겔만은 추상적인 수학적 모델에서 연관성을 발견하고 대칭적 성질을 이용하여 소립자들을 정리했다. 겔만이 수립

> **8정도**　대칭성에 근거해 중입자와 중간자를 구분하는 방법으로 머레이 겔만과 유발 네만이 독립적으로 제안했다. 원래 8정도는 불교에서 해탈에 이르기 위해 수행해야 할 여덟 가지 길을 이르는 말로 정견(正見), 정사(正思), 정어(正語), 정업(正業), 정명(正命), 정정진(正精進), 정념(正念), 정정(正定)을 말한다. 동양 철학과 종교에 관심이 많았던 겔만은 불교 용어를 자신의 이론을 부르는 말로 사용했다.

한 8정도는 물질을 이루는 최소 단위로 쿼크를 제안할 수 있는 계기를 마련했다. 그리고 원자핵의 입자들을 핵 속에 묶어 두는 힘을 설명하는 장이론인 양자색깔역학을 발전시키는 기초가 되었다.

귀여운 천재

머레이 겔만은 1929년 9월 15일에 뉴욕에서 아서 이시도로와 파울린 겔만의 아들로 태어났다. 헝가리에서 미국으로 이민 온 겔만의 아버지는 초등학교를 운영하다 대공황 때문에 문을 닫고 은행 경비원으로 일했다.

겔만에게는 아홉 살 차이 나는 벤이라는 형이 있었다. 겔만의 형은 겔만을 지역의 박물관에 데리고 다니면서 과학에 눈뜨게 해 주었다. 또 자전거를 타고 가까운 공원에 가서 새, 나무 그리고 곤충을 구별하는 방법도 가르쳐 주었다.

세 살이 되었을 때 겔만은 책을 읽을 수 있었고 곱셈도 할 수 있게 됐다. 일곱 살에는 철자법 알아맞히기에서 열두 살짜리 경쟁자를 물리치기도 했다. 겔만은 장학금을 받고 사립학교에 들어간 뒤 여러 번 월반을 했다. 나이가 많은 학생들은 겔만을 학교의 '애완용 천재'라고 부르며 때때로 그를 괴롭히기도 했다.

열네 살에 졸업한 겔만은 장학금을 받고 예일 대학에 진학했다.

그곳에서 어린아이처럼 움츠러들던 두려움이 차츰 사라지고 공부는 물론 대인 관계도 크게 성장했다.

겔만은 고고학이나 언어학을 공부하고 싶어 했다. 그러나 그의 아버지는 경제적으로 도움이 되는 공학을 택하도록 격려했다. 아버지와 아들은 결국 물리학을 전공하기로 합의했다. 고등학교 시절에는 겔만이 싫어하던 과목이었지만, 예일 대학에서는 이론 물리학에 매력을 느꼈던 것이다. 그는 강의실에서 문제를 일일이 풀지 않고도 답을 알아내 다른 학생들을 괴롭게 하기도 했다.

1948년에 물리학에서 학사 학위를 받은 겔만은 매사추세츠 공과대학(MIT) 대학원에 진학하여 3년 만에 물리학 박사 학위를 받았다. 제2차 세계대전 동안에 맨해튼 프로젝트의 지도자로 일했던 원자핵물리학자 빅터 바이스코프는 겔만이 박사 학위 논문의 주제로 원자핵에 중성자를 충돌시켰을 때 일어나는 현상을 연구하도록 권했다.

물리학이나 수학을 배우는 것은 겔만에게는 쉬운 일이었다. 그러나 글을 쓰는 일은 쉽지 않았다. 때문에 일생 동안 자신의 생각을 기록하는 것을 주저했고, 글이 잘못될 것을 걱정하여 논문을 제때 제출하지도 못했다.

제2차 세계대전 동안 원자폭탄의 제조 책임자였고 프린스턴의 고등학술연구소 소장이었던 J. 로버트 오펜하이머는 겔만을 임시직으로 고용했다. 겔만은 그의 사무실 친구 프란시스 로우와 1951년에 학술지 〈피지컬 리뷰〉에 발표한 자신의 첫 번째 과학 논문인 〈양자장 이론에서의 구속된 상태)를 위해 공동연구를 했다. 그는 1952년 시카고 대학의 원자핵 연구소의 강사로 임명된 뒤 입자물리학 분야에서 평판을 쌓게 되면서 1953년에는 조교수로 승진할 수 있었다. 그후 1년 동안 컬럼비아 대학에서 방문교수로 지낸 겔만에게 캘리포니아 공과 대학은 1955년 상당한 월급과 부교수직과 정년보장을 제안했다. 그리고 계속해서 그 이듬해에 겔만은 가장 어린 나이로 정교수가 되었다.

그 해 여름 파사데나로 이사하기 전에 그는 고고학을 공부하고 있던 영국의 J. 마가렛 다우와 결혼했다. 1956년에는 딸 지자가, 1963년에는 아들 니콜라스가 태어났다.

소립자의 분류

20세기 중엽에 우주선에서 불안정한 입자들을 발견하기 전까지 과학자들은 전자, 양성자, 그리고 중성자가 물질을 이루는 가장 근본적인 입자라고 믿었다. 전자는 양성자와 중성자로 이루어진 원자핵 주위를 돌고 있는 음전하를 띤 아주 작은 입자이다. 겔만이 대학에 입학할 당시에 물리학자들은 여러 가지 새로운 입자들을 발견했다. 1932년에는 양전자가 발견되었고, 곧이어 **뮤온**과 **파이온**도 발견되었다. 양전자는 전자의 반입자이다. 뮤온과 파이온은 전자와 비슷하지

뮤온 전자와 비슷한 성질을 가지고 있지만 전자보다 무거운 입자

파이온 물리학자들이 강한 핵력을 전달할 것이라고 생각했던 입자

만 훨씬 더 무거웠다. 1930년대부터 시작된 입자 **가속기**의 개발과 사용으로 과학자들은 입자들을 분석하기 위해 우주에서 대기권으로 들어오는 우주선의 입자들을 모으지 않아도 되었다. 필요에 의해 입자들을 만들어 낼 수 있는 능력은 100개가 넘는 소립자들의 발견을 가능하게 했다. 그리고 모든 소립자들은 똑같은 질량을 가지고 있지만 전하와 자기의 성질은 반대인 반입자를 가지고 있었다.

1950년대 초까지 새로 발견된 입자들은 오펜하이머가 '소립자 동물원'이라고 부른 혼란스런 상태에 있었다. 과학자들은 처음에는 주로 질량을 이용하여 소립자들을 몇 개의 그룹으로 나누어 정리했다. 경립자(렙톤)는 가장 가벼운 입자들의 그룹으로, 여기에는 전자, 양전자 그리고 중성미자가 포함되어 있었다. 중간 크기의 질량을 가지고 있는 **중간자**(메손)에는 파이온과 케이온이 속해 있었다. 중립자(바리온)는 가장 무거운 입자들의 그룹으로 양성자와 중성자가 속해 있었다.

과학자마다 입자들을 분류하는 방법이 달랐는데 겔만은 입자들과 관계되는 상호작용을 이용하여 입자들을 분류하는 것이 가장 좋다고 생각했다.

입자들 사이에 작용하는 다른 종류의 힘들에는 중력, 전자기력, **강력**, 그리고 **약력**이 있었다. 장의 개념은 입자들 사이의 상호작용을, 힘을 전달하는 입자들의

가속기 입자를 아주 빠른 속도로 가속시켜서 서로 충돌시키는 실험 장치

중간자 한 개의 쿼크와 한 개의 반쿼크로 이루어진 중간 크기의 입자로 강한 핵력이 작용하는 입자

강력 (강한 핵력) 쿼크 사이에 작용하는 작용거리가 짧은 힘으로 글루온이 전달해 주는 힘이다.

약력 (약한 핵력) W입자와 Z입자가 전달하는 힘으로 베타 붕괴에 관여하는 힘

교환으로 설명했다. 그리고 양자이론은 그러한 교환은 불연속적인 양으로 이루어진다고 했다. 그래비톤은 모든 물체 사이에 작용하는 중력을 전달해주는 가상적인 입자이다. 그러나 중력은 매우 약해서 입자물리학에서는 중력에 큰 관심을 보이지 않는다. 전자들은 전자기

> **강입자** 중입자와 중간자를 포함하여 강한 핵력이 작용하는 입자 그룹
>
> **양자수** 전하, 질량, 스핀과 같은 입자의 물리적 성질을 나타내는 수
>
> **경입자** 강한 핵력이 작용하지 않는 가벼운 입자

력을 전달하는 광자라고 하는 입자를 방출하고 흡수한다. 양자전자역학(QED)은 전자의 이런 상호작용을 아름답게 설명했다. 원자핵을 이루는 입자들 사이의 상호작용인 강한 상호작용과 약한 상호작용은 아직 설명되지 않는 부분이 많이 남아 있다.

겔만은 강한 상호작용에 참여하는 입자들을 **강입자**라는 그룹으로 묶었고 이것은 다시 입자들의 각 운동량을 나타내는 **양자수**인 스핀을 이용해 더 자세히 분류했다. 중입자는 반정수의 스핀을 가지고 있고 중간자는 정수의 스핀을 가지고 있다. **경입자**들은 강한 상호작용에 참여하지 않는다. 그러나 경입자와 강입자는 모두 약한 상호작용에 참가한다.

최근에 입자 동물원에 들어온 입자 중에는 10^{-23} 초밖에 존재하지 않는 불안정한 입자도 있었지만 강한 상호작용이 예측한 것보다 긴 시간인 10^{-10} 초 동안 존재하는 입자들도 있었다.

일부 입자들이 쉽게 붕괴하지 않는 것을 설명하기 위해 겔만은 새로운 양자수인 **스트렌지** 수라는 것을 제안했다. 전하와 마찬가지로

소립자

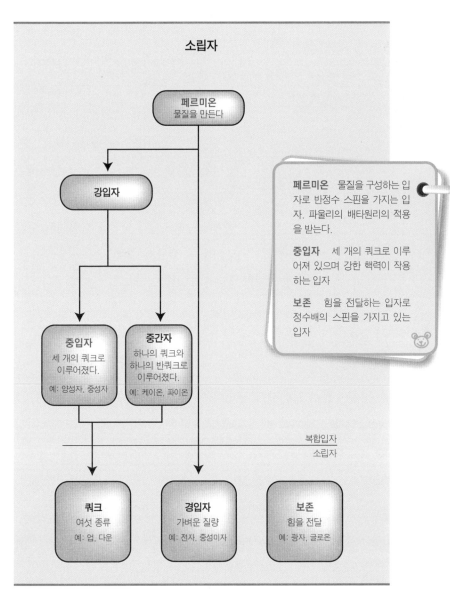

모든 입자들은 힘을 전달하는 보존이거나 물질을 만드는 페르미온이다. 페르미온은 경입자와 쿼크로 이루어진 강립자로 구분된다.

이 양자수도 강한 상호작용을 하는 동안
에 보존되어야 하는 양이었다. 그것은 만
약 스트렌지 수가 +1인 입자가 붕괴할
때는 붕괴 산물의 스트렌지 수의 합 역시
+1이 되어야 한다는 것을 뜻한다. 그는
양성자, 중성자와 같은 보통의 입자에는
0의 스트렌지 수를 부여했고, 스트렌지
입자에는 +1이나 −1의 **스트렌지 수**를
부여했다. **핵자**와 파이온이 충돌하면 스
트렌지 입자가 만들어진다. 이 경우 원래 입자들의 스트렌지 수가 0
이었으므로 스트렌지 수가 +1인 입자가 만들어졌다면 스트렌지 수
가 보존되기 위해서는 스트렌지 수가 −1인 입자도 반드시 만들어
져야 한다(이렇게 쌍으로 만들어지는 것을 **연합 생성**이라고도 부른다). 만
약 만들어진 스트렌지 입자 중의 하나가 강한 상호작용에 의해서 보
통의 입자로 붕괴하면 스트렌지 수가 보존되지 않을 수도 있다. 강
한 상호작용은 매우 빠르게 일어나는 반면 약한 상호작용은 천천히
일어나고 스트렌지 수가 보존되지 않는다. 따라서 기대했던 것보다
긴 수명을 가지고 있는 입자는 약한 상호작용에 의해 붕괴한다.

 1953년경에 겔만과 카주히코 니시지마에 의해 독립적으로 제안
된 이 체계는 어떤 입자쌍들은 다른 입자쌍들보다 더 자주 만들어진
다고 예측했다. 이러한 예측은 브룩헤이븐 국립 연구소의 가속기 실
험으로 확인되었다.

스렌지 수 이론이 입자들의 긴 수명과 연합 생성을 설명했지만 과학자들은 겔만의 제안을 받아들이기 어려워했다. 그러나 몇 년 안에 스렌지 수는 깊은 뿌리를 가지게 되었다. 과학자들이 이 이론이 예측한 새로운 입자들을 계속 발견했기 때문이다.

동반자와의 만남

파사데나에서 겔만은 뛰어난 물리학자 리처드 파인만의 새로운 동료연구자로서, 그리고 집에서는 새신랑으로서 의미있는 시간을 보냈다. 그는 스렌지 수의 개념을 이끌어낸 수명이 긴 입자와 **대칭성**의 보존에 대해 연구했다.

대칭성 설명을 위해 파인만은 자명종을 예로 들었다. 자명종은 언제 어디에 있든 같은 일을 한다. 이런 경우 자명종은 시간과 공간에 대해 대칭성을 가지고 있다고 말한다. 자명종을 다른 시간대로 가져가더라도 시침과 분침은 같은 속도로 움직일 것이고, 다음 달이나 다음 해에도 똑같이 작동할 것이다. 겔만이 연구한 대칭성은 **패리티**라고 하는 것이다. 패리티는 거울에 나타나는 상과 같이 반사되는 것과 관계된 양자수이다. 시계를 거울에 비춰 보면 거울 속의 시계는 좌측과 우측이 바뀌었을 뿐 시침과 분침은 같은 숫자를 가리키고 움직여 가는 방

> **대칭성** 다른 것이 바뀌어도 그대로 남아 있는 성질
>
> **패리티** 파동함수를 거울에 비춰 보았을 때 거울에 나타난 파동함수의 부호가 그대로 있으면 패리티는 짝수이고 부호가 바뀌면 홀수 패리티를 가지고 있다고 말한다.

향도 같다. 물리학자들은 오랫동안 자연은 왼손잡이와 오른손잡이를 구별하지 않는 것으로 가정해 왔다. 다시 말해 패리티가 보존된다고 생각해 왔다. 그러나 스트렌지 입자의 행동을 조사하면 패리티가 보존되지 않는다는 것을 알 수 있다. 겔만은 이 문제를 해결했지만 자신의 생각이 틀릴지도 몰라 발표하지 않았다. 그런데 1956년 초 겔만은 T. D. 리와 프랭크 양이 같은 내용의 논문을 발표한 것을 보고 깜짝 놀랐다. 그 생각은 결국 옳지 않다는 것이 밝혀졌지만 이를 통해 겔만은 자신이 알아낸 것은 주저하지 말고 발표하기로 마음 먹었다.

보존법칙 입자물리학에서 상호작용이 일어나는 동안에 어떤 물리량이 변하지 않고 유지되는 것을 나타내는 법칙으로 전하보존법칙을 비롯한 여러 가지 보존법칙이 있다.

그해 봄 겔만은 패리티 **보존법칙**이 지켜지지 않는 것을 논의하는 물리학 학술회의에 참석하여 약한 상호작용에서는 패리티가 보존되지 않는다고 제안했다. 이탈리아 출신 미국 물리학자 엔리코 페르미는 1933년에 베타 붕괴를 일으키는 힘이 약력이라는 것을 밝혀냈었다. 이 과정에서 중성자는 양성자로 바뀌면서 전자와 중성미자를 방출했다. 전자의 생성은 반응이 일어나는 동안에 전하를 보존시켰고 반중성미자는 에너지와 각운동량을 보존시켰다. 그로부터 20여 년이 지난 50년대에도 약력의 성질에 대해서는 자세히 알려지지 않고 있었다. 리와 양은 1957년에 약한 상호작용에서 패리티가 보존되는지 시험해 볼 것을 제안했고 과학자들은 베타 붕괴과정에서 생성되는 전자는 한 방향만을 선호해 패리티 보존 법칙이 지켜지지 않는다는 알게 되었다.

　양자이론에서는 입자들이 약력이 붕괴를 일으키면 다른 모양으로 바뀌는 파동으로 나타내진다. 겔만은 다섯 가지의 가능한 변환 중에서 어떤 두 가지가 베타 붕괴를 포함한 모든 약한 상호작용을 설명할 수 있는지 결정하고 싶어 했다. 최근의 실험은 한 가지 상호작용

에 두 가지 형태가 있으며, 두 번째 상호작용에도 두 가지 형태가 있다는 것을 알아냈다. 따라서 과학자들은 일반적인 약한 상호작용은 존재하지 않는 것이 아닌가 하는 생각을 하고 있었다.

로체스터 대학으로부터 캘리포니아를 방문하고 있던 E. C. 조지 수다르산, 로버트 마르삭과 이 문제에 대해 의논한 겔만은 약한 상호작용이 일어나는 형태에 대해 알게 되었고 그것을 다음에 발표할 논문에 포함시키기로 하였다. 그러나 그는 파인만도 같은 결론을 얻었다는 것을 알게 되었다. 파인만의 거만함 때문에 기분 상해 있던 겔만은 파인만에게 발견의 공로가 주어지는 것을 원하지 않았지만 학과장은 공동 명의로 논문을 내는 것이 대학의 발전을 위해 최선이라고 제안했다. 그렇게 해서 '페르미 상호작용의 이론'이라는 제목의 논문이 1958년 〈피지컬 리뷰〉에 발표됐고 그들은 명성을 얻게 되었다. 그들은 논문에서 수다르산과 마르삭의 공헌을 인정했지만 대부분의 공적은 겔만과 파인만에게 돌아갔다.

하지만 양자장 이론은 원자핵의 상호작용을 전자기적 상호작용처럼 잘 설명하지 못하는 것 같았다. 겔만과 파인만이 약한 상호작용의 이론을 발표한 후에도 무한대의 문제가 원자핵 상호작용의 문제를 괴롭혔다. 물리학자들은 파이온이 강력을 전달한다고 믿었지만 무엇이 약력을 전달하는지는 몰랐다. 파이온이 강력을 전달한다고 하면 문제는 매우 짧은 상호작용을 하기 위해서는 파이온이 매우 무거워야 하지만 장은 어디까지도 퍼져 있어 빛처럼 빠르게 달릴 수 있어야 하고 따라서 질량이 없는 보존이어야 한다.

약한 상호작용에서는 두 개의 입자들이 한 종류의 양자수를 가지고 상호작용에 임하지만 나올 때는 다른 종류의 양자수를 가지고 나온다. 겔만은 약한 상호작용을 전달하는 입자로 X 입자를 제안했다. 약한 상호작용이 전하를 가지고 있는 입자들을 변환시킬 때는 적어도 두 개의 입자가 필요했다. 그래서 겔만은 두 개의 중성 입자가 더 존재하는 것이 아닌가 생각하게 됐다. 그는 약력과 전자기력을 통합하는 것이 이 문제를 푸는 데 도움이 될 것이라고 생각했다. 하지만 양자장 이론은 과연 옳은 이론일까? 그리고 왜 스트렌지 수는 어떤 때는 보존되고 어떤 때는 보존되지 않는 것일까?

8정도

실망한 겔만은 자신의 관심을 강한 상호작용으로 돌렸다. 그리고 강한 상호작용에 참여하는 강입자들의 형태를 살펴보기 시작했다. 그룹 이론을 연구하던 칼텍의 수학자가 겔만에게 대칭성을 바탕으로 하는 그룹체계에 대해 설명해 주었다. 이것이 강입자를 **통합**하는 길일지 모른다고 생각한 겔만은

> **통합** 같은 물리적 현상이 다르게 나타난 것이라는 것을 수학적으로 보여주는 작업

스트렌지 수와 전하를 이용하여 정리하기 시작했다. 모든 것이 정리되자 그 형태는 여덟 개의 중입자와 일곱 개의 보존으로 정리되었다.

1961년에 겔만은 대칭성에 기초해서 강입자를 몇 그룹으로 분류

하는 8정도라고 이름붙인 수학적 방법을 찾아냈다. 이스라엘의 물리학자 유발 니만은 독립적으로 같은 것을 제안했다. 서로 다른 입자로 보였던 것이 사실은 다른 양자수를 가지고 있는 같은 입자였던 것이다. 비슷한 스핀과 패리티를 가지고 있는 중입자들은 같은 그룹에 포함시켰다. 그리고 같은 스핀과 패리티를 가지고 있는 중간자들은 다른 그룹에 포함시켰다. 그렇게 하자 무거운 중입자들은 열 개의 입자들을 포함하는 그룹을 이루었다. 열 개의 입자 중에 아홉 개는 이미 알려져 있었다.

모든 장은 이 그룹 중의 하나로 나타내진다. 그룹 U(1)는 전자기 그룹이었고, SU(2)는 아이소스핀 대칭성(아이소스핀은 같은 입자가 반대되는 모양을 가지는 것을 나타내는 양자수이다)을 나타내는 그룹이었으며, SU(3)는 8정도를 나타내는 그룹이었다. 겔만은 이런 분류 체계를 통해 열 개의 무거운 강입자 그룹을 완성하는데 필요한 오메가 마이너스 입자를 포함하여 발견되지 않은 여러 가지 입자와 그런 입자의 성질을 예측했다. 새롭게 발견된 여덟 개의 중간자들은 8정도 중입자 형태와 비슷한 형태를 이루었다. 1963년에 부룩헤이븐 국립 연구소에서 **오메가 마이너스** 입자를 발견하기 위한 실험이 실시되어 8정도 이론이 옳다는 것을 증명했다.

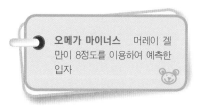

오메가 마이너스　머레이 겔만이 8정도를 이용하여 예측한 입자

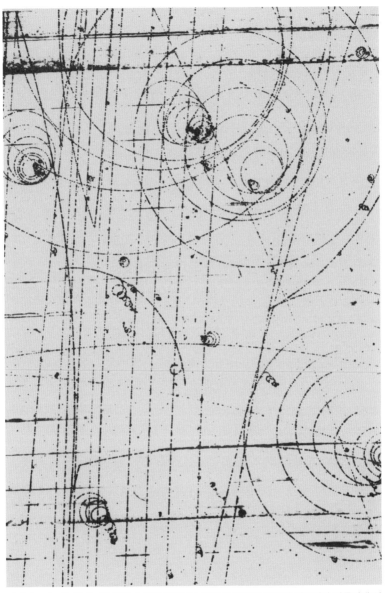

겔만이 8정도를 통해 예측했던 오메가 마이너스 입자의 존재를 증명한 가속기가 만들어낸 입자들의 궤적을 찍은 역사적 사진

쿼크의 제안

8정도의 대칭적 형태는 강입자들이 비슷한 입자들로 이루어졌다고 짐작하게 했다. 1964년에 겔만은 〈물리학 레터지〉에 '중입자와 중간자의 체계적인 모델'이라는 제목의 짧은 논문을 발표했다. 이 논문에서 그는 자신이 쿼크라고 이름붙인 안정하고, 가장 작으며, 모든 물질을 이루는 입자들을 가정하면 입자들의 세계를 간단한 규칙으로 설명할 수 있다고 주장했다. 같은 시기에 겔만과 파인만의 학생이자 당시 유럽에 있는 유럽핵물리학연구소에서 연구하고 있던 게오르그 츠바이크도 같은 가설을 내놓았다.

쿼크는 양성자 전하의 분수배에 해당하는 전하를 가지고 있기 때문에 보통의 입자와는 다른 입자였다. 그는 처음에 세 가지 향기(쿼크가 실제 향기를 가지고 있었던 것이 아니라 쿼크의 종류를 향기라고 불렀을 뿐이다)의 쿼크를 제안하여 수백 개나 되는 입자들의 구조를 설명할 수 있었다. u쿼크는 양성자 전하량의 2/3에 해당하는 전하량을 가지고 있었고, d쿼크와 s쿼크는 −1/3에 해당하는 전하량을 가지고 있었다. 겔만은 이론 물리학자였지만 다른 물리학자들이 실험을 통해 겔만의 쿼크 이론을 입증했다. 실험물리학자들이 세 가지 쿼크만으로는 모든 입자들의 구성을 설명할 수 없다는 것을 밝혀내자 물리학자들은 네 번째 쿼크로 양성자 전하량의 2/3의 전하량을 가지는 c쿼크를 첨가했다. 후에 또 다른 경입자들이 발견되었고 동시에 쿼크에도 t쿼크와 b쿼크가 첨가되어 경입자의 수와 쿼크의 수는 각

각 여섯 개씩이 되었다.

양성자는 두 개의 u쿼크와 하나의 d쿼크로 이루어져 있어서 총 전하량은 $2 \times (2/3) + (-1/3) = +1$이 된다. 반면에 u쿼크 하나와 d쿼크 두 개로 이루어진 중성자는 $(2/3) + 2 \times (-1/3) = 0$의 전하를 가진다. 입자가 붕괴할 때는 약한 핵력이 쿼크 중의 하나를 바꿔 놓는다. 중성자(udd)가 양성자(uud)로 붕괴할 때는 d쿼크 하나가 u쿼크로 바뀐다.

쿼크이론은 잘 들어맞는 것 같다. 그러나 쿼크는 실제로 존재하는 것일까 아니면 수학적 가설에 지나지 않는 것일까? 쿼크가 아닌 다

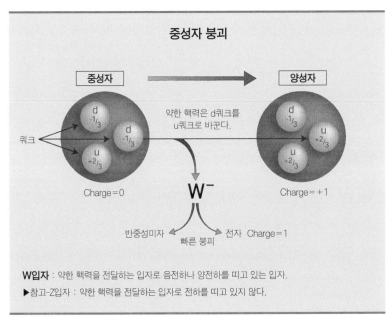

약한 핵력은 중성자를 양성자로 바꾸면서 W-입자를 내놓는데 이 입자는 빠르게 전자와 중성미자로 붕괴한다.

른 입자들 중에는 분수 전하를 가지는 입자가 없다. 그리고 과학자들은 우주선, 가속기 그리고 다른 어느 곳에서도 쿼크를 찾아내지 못했다. 1968년에 과학자들은 전자가 양성자를 구성하고 있는 입자들과 충돌하여 되튀어나온다는 증거들을 찾아냈다. 그러나 쿼크를 직접 관측하는 데는 실패했다.

겔만은 입자들을 발견하고, 입자들의 분류 방법과 그들 사이의 상호작용을 규명한 공로로 1969년 노벨 물리학상을 수상했다. 그의 스트렌지, 8정도 이론 그리고 쿼크의 발견은 각각 니시지마, 니만, 쯔바이크와 공동으로 발견한 것이었지만 노벨상은 겔만에게만 주어졌다. 노벨상 수상연설에서 스웨덴어로 연설하여 스웨덴 사람들을 감동시킨 겔만은 노벨상 수상 기념 연설집에 싣기 위해 그의 강의 내용을 보내 달라는 요청을 미루고 미루다 결국은 보내지 않았다고 한다.

양자색깔역학

겔만이 자신이 제안한 쿼크이론이 수학적 가설 이상의 것이라는 확신을 하기 오래전부터 다른 사람들은 쿼크와 보존과 관계된 강력에 대한 장이론을 받아들였다. 1995년에 입자물리학자들은 여섯 개의 쿼크가 향기뿐만 아니라 색깔(쿼크의 색깔 역시 실제 색깔을 나타내는 것이 아니라 쿼크의 상태를 나타내는 하나의 기호 즉, 양자수일 뿐이다)도 가지고 있다는 실험적 증거를 찾아냈다. 이 양자수는 파울리의 배타원리를 충족시키기 위해서 필요했다. 색깔을 가진 쿼크로 이루어진 입자들은 강력을 전달하는 **글루온**이라는 입자를 주고받아서 힘을 작용한다. 이것은 전자가 전자기력을 전달하는 광자(전자기파)를 주고받아서 전자기력을 작용하는 것과 같다. 다른 양성자 속에 있는 쿼크들이 글루온을 주고받아 강력이 작용하면 양성자 사이의 전기적인 반발력에도 불구하고 두 양성자는 강한 힘으로 결합될 수 있다. 개개의 쿼크는 **색깔**을 가지고 있지만 쿼크로 이루어진 중입자나 중간자는 색깔이 없다. 중입자는 세 가지 서로 다른 색깔로 된 입자 즉, 붉은색, 푸른색, 녹색의 쿼크로 이루어져 있어서 3원색의 빛을 더하면 색깔이 없어지듯이 색깔이 나타나지 않는다. 하나의 쿼크와 하나의 반쿼크로 이루어져 있는 중간자 역시 두 색깔이 상쇄되어 색깔이 나타나지 않는다. 색깔 보존법칙은 색깔과 그 색깔의 반대 색깔의 쌍, 또는 세 가지 모든 색깔로 구성된 입자 외의 입자를 만들지 못하도록 한다.

겔만과 다른 사람들을 당황스럽게 했던 쿼크의 성질 중 하나는 단독 쿼크가 관측되지 않는다는 것이었다. 1973년에 제안된 **근접 자유**의 개념은 이 문제를 해결해 주었다. 근접 자유란 중력이나 전자기력과는 달리 강한 핵력은 거리가 멀어지면 힘의 세기가 커진다는 것이

글루온 쿼크 사이에서 강력이 작용하도록 힘을 전달해 주는 입자

색깔 양자전자지학에서 쿼크 사이에 강한 핵력이 작용하도록 하는 가상적인 성질로 적색, 청색, 녹색 세 가지가 있다. 쿼크의 다른 성질을 나타내는 기호일 뿐 실제 색깔과는 아무 관계가 없다.

근접 자유도 쿼크 사이의 거리가 가까워지면 쿼크 사이에 작용하는 강한 핵력의 세기가 약해지고 거리가 증가하면 강한 핵력의 세기가 강해지는 현상

었다. 2004년에 강한 상호작용에서의 근접 자유의 성질을 발견한 데이빗 J. 그로스, H. 데이빗 폴리처, 프랭크 윌첵은 노벨 물리학상을 공동 수상했다.

근접 자유의 성질은 색깔양자역학(QCD)의 이론을 완성시켰다. 강입자들은 색깔의 성질만 다른 여덟 가지 글루온이라고 부르는 질량이 없는 입자들에 의한 색깔의 힘으로 결합되어 있다. 색깔 전하는 쿼크와 반쿼크 사이의 상호작용이 일어나도록 한다. 양자색깔역학은 강한 핵력이 어떻게 핵자들을 강하게 결합시키고 있는지를 설명해냈다. 그리고 쿼크 체계는 모든 핵자들 사이의 상호작용과 각 입자 그룹들 사이의 대칭성을 설명할 수 있도록 했다. 많은 뛰어난 사람들이 양자색깔역학의 발전을 위한 여러 가지 이론을 개발하고, 실험을 통해 검증하는 데 공헌했다. 겔만은 이 과정에서 많은 부분에 업적을 남겼다.

정년퇴직 후의 바쁜 생활

노벨상을 받은 후 겔만 주변에서 일어났던 여러 가지 사건이 그를 물리학계의 주변에 머물도록 했다. 그는 1981년 아내 마가렛이 암으로 사망한 뒤 홀로 지내다가 1992년 영국의 시인이며 교수였던 마르시아 사우스빅과 재혼했다. 그는 스미소니언 연구소의 소장으로 일했고(1974~1988), 맥카더 재단의 이사로 일하기도 했다 (1979~2002). 형과 공원에서 새소리를 듣던 시절부터 자연을 소중

하게 생각했던 겔만은 1993년 첨단 기술의 개발과 자연보호를 잘 조화시킨 공로로 린드버그상을 받았다. 1984년에는 양자물리학에서 경제학에 이르는 넓은 영역에서 일어나고 있는 복잡한 상호작용에 내재되어 있는 간단한 기본원리를 연구하고 교육하는 산타페 연구소의 설립을 도왔다. 1993년에 캘리포니아 공과대학에서 은퇴한 겔만은 현재 산타페 연구소 이사로 일하고 있다.

그는 《쿼크와 재규어》 《규칙적인 것과 불규칙한 것》과 같은 대중 독자들을 위한 다양한 주제의 책을 쓰기도 했다. 또 산타페에 살면서 여전히 언어학, 조류학, 고고학 등에 관심을 가지고 있다. 뿐만 아니라 뉴멕시코 대학의 시간 강사로 일하면서 복잡한 현상의 바탕을 이루는 형태에 대한 연구를 계속하고 있다.

겔만이 제안한 8정도는 이론물리학에 20세기에 발견된 수많은 입자들의 분류체계를 확립할 수 있도록 했다. 기본적인 입자들과 힘들 사이의 관계를 파악할 수 있는 그의 능력은 물질의 구조를 더 잘 이해할 수 있도록 했다. 겔만의 가장 중요한 업적인 스트렌지, 8정도, 쿼크는 표준모델이 발전하도록 했으며, 전약이론과 강한 핵력의 통합을 도왔다. 이것이 21세기에 모든 것을 포함하는 대통합이론을 이끌어내게 될는지도 모른다.

통일을 위한 투쟁

쿼크는 모든 입자들을 구성하는 기본 입자이다. 그들은 가장 단순한 형태의 입자들로 자연에 존재하는 모든 힘을 통합하는데 중요한 역할을 할 것으로 믿어지고 있다. 물리학자들은 입자들 사이의 상호작용에서부터 행성들의 공전에 이르기까지 모든 것을 설명할 수 있는 통일이론을 만들기 위해 노력해 왔다. 1960년대에는 광자, W+, W−, Zo 입자의 교환으로 발생하는 전자기력과 약한 핵력의 통합이론인 전약이론이 제안되었다. 1970년대에는 강한 핵력과 전약이론을 통합하려는 표준모델이 제안되었다. 표준모델은 상대성이론과 양자역학을 바탕으로 하는 수학적 모델일 뿐이다.

> **표준모델** 전약함과 강한 핵력을 통하비키지 않은 채 연관시키는 양자장 이론

모든 입자들은 물질을 만드는 페르미온과 입자나 물질 사이에서 힘을 전달하는 보존으로 나눌 수 있다. 페르미온은 크기를 기준으로 하여 각각 네 개의 입자들을 포함하고 있는 3세대로 나눌 수 있다. 각 세대는 음전하를 띠고 전자기장이나 이와 관계된 중성미자와 상호작용하는 두 개의 경입자를 포함하고 있다. 각 세대의 나머지 두 개의 입자는 강입자를 구성하고 있으며 강한 상호작용을 하는 쿼크이다. 쿼크는 향기와 색깔로 종류를 구분하는데 각 세대는 서로 짝을 이루는 두 향기를 지닌 쿼크를 포함하고 있다. 각각의 상화작용에서 경입자와 쿼크가 쌍을 이루는 것을 경입자-쿼크 대칭성이라고 하는데 그 이유는 밝혀지지 않고 있다.

쿼크는 분수전하를 가지고 있다. 전자의 전하를 −1이라고 하면 u쿼크, c쿼크, t쿼크는 2/3의 전하를 가지고 있으며, d쿼크, s쿼크, b쿼크는 1/3의 전하

를 가지고 있다. 쿼크는 전하를 가지고 있기 때문에 전자기적 상호작용과 약한 상호작용을 한다. 강입자를 구성하는 물질로서 쿼크는 글루온이라는 입자에 의해 일어나는 강한 상호작용을 한다. 경입자는 글루온을 통한 상호작용을 일으키는 색깔을 가지고 있지 않기 때문에 강한 상호작용을 하지 않는다. 글루온 상호작용의 특징은 입자들 사이의 거리가 멀어지면 세기가 강해져서 입자들을 더 강력하게 묶어 놓는다는 것이다. 따라서 쿼크들을 잡아당기면 쿼크 사이의 결합력은 더욱 강해진다. 따라서 개개의 쿼크와 글루온은 아직 관측되지 않았고 간접적인 방법으로 그 존재가 입증되었다. 색깔을 가진 쿼크로 이루어진 강입자는 색깔을 가지고 있지 않다. 그것은 강입자 안에서 색깔이 서로 상쇄되기 때문이다. 양자색깔역학은 글루온이 전달하는 강한 핵력을 설명하는 이론이다.

중력을 설명하는 양자이론을 개발하려는 노력은 아직 성공을 거두지 못하고 있다. 끈이론에서는 입자들을 점 입자가 아니라 1차원적인 끈이라고 설명하고 있다. 10차원과 관계된 초끈이론은 21세기에는 자연에 존재하는 네 가지 힘을 통일하는 기본적인 이론이 될는지도 모른다.

연 대 기

1929	9월 15일 뉴욕에서 출생
1848	예일 대학에서 이학사 학위 받음
1951	MIT에서 물리학으로 박사 학위를 받고 뉴저지에 있는 고등학술연구소에서 근무
1952	시카고대학 원자핵 연구소의 강사가 됨
1953	시카고 대학의 조교수가 되었고 스트렌지 이론을 제안
1954	시카고 대학의 부교수가 되었고 컬럼비아 대학의 교환 교수로 감
1955	칼텍의 부교수가 됨, 약한 상호작용 연구
1956	칼텍의 최연소 정교수가 됨
1958	리처드 파인만과 공동으로 약한 상호작용에 관한 논문 발표
1961	대칭성에 근거하여 입자들을 조직하는 8정도 이론 제안

　물리학은 크게 두 세대로 나누어 볼 수 있다. 첫 번째 세대는 1687년에 발표된 뉴턴의 역학을 바탕으로 하는 고전물리학이다. 고전물리학에는 전자기학과 열역학 그리고 빛을 연구하는 광학이 포함된다. 고전물리학은 주로 우리가 경험하는 세계에서 일어나는 자연현상을 설명하는 물리학이라고 할 수 있다. 고전물리학의 성립과 발전은 사람들이 가지고 있던 자연에 대한 생각을 크게 바꾸어 놓는 계기가 되었다.

　고전물리학이 성립하기 전에는 자연현상을 지배하는 자연법칙이 과연 있는지 아니면 자연현상은 우리가 알 수 없는 절대자나 초자연적인 힘에 의해 이루어지는 것인지가 명확하지 않았다. 그러나 고전물리학이 우리 주변에서 일어나는 많은 자연현상을 기초적인 자연법칙으로 하나하나 설명해 나가면서 자연법칙에는 예외가 있을 수 없다는 것을 알게 되었다. 그리고 자연법칙만 잘 연구하면 자연에 대해 모든 것을 알 수 있을 것이라고 생각하게 되었다.

　고전물리학이라고 하면 아주 오래전 사람들이 배웠던 물리학이라고 생각하기 쉽지만 사실은 현재 중고등학교에서 다루는 물리학의 내용은 모두 고전물리학에 해당하는 것들이다. 이 책에서는 고전물리학의 성립과 발전에 큰 공헌을 한 두 사람의 과학자를 소개하고 있다. 한 사람은 고전물리학의 토대를 만든 아이작 뉴턴이고, 또 한 사람은 전자기학 발전에 크게 기여한 마이클 패러데이다.

이 두 사람 외에도 고전물리학의 성립과 발전에 공헌한 사람들은 많다. 그러나 이 두 사람은 고전물리학의 두 기둥이라고 할 수 있는 역학과 전자기학을 완성하는데 핵심 역할을 했다. 뉴턴은 대학에 입학하기 전까지 물리학이나 수학을 배운 적이 없었다고 한다. 그러나 대학에 입학하고 대학원을 졸업할 때까지 불과 6년 남짓한 시간 동안에 운동법칙과 중력 이론의 기초를 마련했고 이 법칙들을 기술하기 위해서 새로운 수학인 미분적분학을 발견했다. 그것은 뉴턴의 천재성과 함께 한 가지 문제를 잡으면 끝까지 붙들고 놓지 않는 집중력 때문이었다는 것을 이 책을 통해 알 수 있다.

전자기학 발전에 크게 기여한 마이클 패러데이 역시 체계적인 교육을 받지 않았음에도 성실함과 겸손, 그리고 경건함으로 모든 어려움을 극복했다. 패러데이는 화학과 물리학의 발전에 기여한 공로를 통해서는 물론 왕립협회 회장직과 영국 왕이 수여하는 기사 작위를 사양한 겸손한 인격으로도 많은 사람들을 감동시키고 있다.

고전물리학과는 전혀 다른 토대를 가지고 있는 현대물리학은 1900년대 초에 성립된 상대성이론과 양자이론을 바탕으로 하는 물리학이다. 고전물리학과는 달리 현대물리학은 세상에 나온 지 100년이 넘었음에도 불구하고 중고등학교 물리학에서 거의 다루지 않고 있다. 따라서 현대물리학의 내용은 대부분의 학생들에게 생소할 것이다. 물리학이 어렵다는 이야기를 하는 사람들도 많다. 그것은 물리학에서 다루는 내용이 우리가 경험을 통해 알고 있는 내용과 다르기 때문일 것이다. 현대물리학의 내용은 특히 그렇다. 현대물리학은 우리가 직접 경험을 통해 알 수 없는 원자와 같은 아주

269

작은 세계나 우주와 같은 아주 큰 세계를 다루기 때문이다.

그러나 이러한 세계를 다루는 물리학도 자주 대하다 보면 그리 어려운 내용이 아니다. 다만 생소한 용어들 때문에 처음에는 어렵게 느낄 수밖에 없을 것이다. 이 책에서 다룬 10명의 물리학자 중에서 두 명을 제외한 여덟 명은 현대물리학 발전에 공헌한 사람들로, 이들의 이야기를 하다 보면 쉽게 이해되지 않는 이야기들을 하지 않을 수 없다. 그러나 이 책은 현대 과학의 내용을 아주 쉽게 잘 정리해 놓고 있어 현대물리학의 큰 그림을 이해하는 데 좋은 길잡이가 될 것이다.

현대물리학을 이해하기 위해서는 두 가지 생각을 이해해야 한다. 하나는 양자물리학의 기초가 되는 양자화 이론이다. 양자화란 물리량이 연속된 값이 아니라 불연속적인 값을 갖는다는 것을 의미한다. 에너지나 운동량, 속도나 질량 같은 양들도 모두 최소 단위의 정수배로만 존재하고 주고받을 수 있는 경우 양자화되었다고 한다. 우리의 일상 생활을 통한 경험에 의하면 속도는 연속적으로 증가하고 따라서 운동에너지도 연속적인 값을 가져야 한다. 그러나 이것은 우리가 살아가는 큰 세상에서만 사실이라는 것이다.

원자보다 작은 세계에서는 모든 양들이 양자화되어 있다. 빛도 모든 에너지를 가질 수 있는 것이 아니라 플랑크 상수의 정수배에 해당하는 에너지만 가질 수 있다. 원자 속의 전자들이 가지는 에너지도 마찬가지이다. 따라서 전자들이 내거나 흡수하는 에너지도 양자화되어 있다. 원자가 내는 빛이 선스펙트럼을 이루는 것은 이 때문이다.

이것은 우리가 원자보다 작은 세계로 들어가면 우리가 경험을 통해 알고 있는 것과는 전혀 다른 일들이 일어난다는 것을 의미한다. 원자보다 작은 세계가 이렇게 우리가 알고 있는 세계와 다르다는 것은 매우 중요하다. 왜냐하면 우리가 살아가고 있는 세상도 모두 원자로 이루어져 있고 원자나

270

원자보다 작은 입자들의 성질에 영향을 받고 있기 때문이다. 따라서 20세기 초의 과학자들은 이런 세계를 이해하기 위해 많은 노력을 했다. 이 책에서는 양자물리학의 성립과 발전에 공헌한 여러 사람들의 이야기를 하면서 양자물리학의 기본 개념을 반복해서 설명하고 있기 때문에 양자물리학을 이해하는 데 큰 도움이 될 것이다.

플랑크와 아인슈타인은 원자보다 작은 세계의 물리량들이 양자화되어 있다는 것을 처음으로 밝혀낸 과학자들이다. 보어나 드브로이는 양자화 되어 있는 물리량을 이용해 원자보다 작은 세계에서 일어나는 일들을 설명해내는 양자물리학을 성립시키는 데 중요한 역할을 했다. 양자물리학이란 한마디로 불연속적인 물리량을 다루는 물리학이라고 할 수 있다.

마이트너, 파인만, 겔만은 양자물리학을 원자보다 작은 세계에 적용하여 원자핵이나 입자들에 대한 새로운 사실을 알아낸 과학자들이다. 이들의 활동으로 우리는 원자핵 속에서 어떤 일이 일어나고 있는지, 그리고 세상의 모든 물질을 구성하는 입자들에는 어떤 것들이 있는지에 대해 많이 알게 되었다. 물질을 이루는 입자들만 가지고는 만물이 이루어지지 않는다. 이 입자들이 만물을 이루기 위해서는 서로 상호작용해야 한다. 따라서 입자들 사이의 상호작용을 이해하는 것은 입자들의 종류를 알아내는 것만큼 중요한 일이었다. 파인만은 이런 입자들의 상호작용을 밝혀내는 데 중요한 공헌을 한 사람이었다.

양자화와 함께 현대물리학을 이해하기 위해서 꼭 알아야 또 하나의 개념은 상대성이론이다. 상대성이론이 등장하기 전에는 우주의 공간과 시간은 그 안에 있는 물질이나 관측자에 관계없이 항상 존재하는 것으로 생각했다. 따라서 공간과 시간은 우주가 창조되기 전부터 있었고 우주가 끝난 후에도 그대로 있을 것이라고 생각했다. 우주는 그 안에서 일어나는 여러 가

271

지 자연현상과는 관계없이 항상 존재하는 무대였던 셈이다. 그러나 상대성이론은 공간과 시간에 대한 그런 생각을 완전히 바꾸어 놓았다. 공간은 물론 시간도 그 안에 존재하는 물질과 에너지에 의해 영향을 받는 상대적인 존재가 되어 버린 것이다. 다시 말해 우주의 공간과 시간도 우주가 시작될 때 같이 시작되었고 우주가 끝날 때 같이 끝난다는 것이다.

상대성이론에서의 이런 설명은 많은 사람들을 당황하게 했다. 절대적인 공간과 시간이 아니라 관측자에 따라 달라지는 공간과 시간으로 바뀌게 된 것이다. 쉽게 이해할 수 없을 것 같았던 상대성이론은 많은 자연현상을 성공적으로 설명해냈다. 그것은 뉴턴의 중력이론과는 다른 새로운 중력이론이 되었고 우주의 구조를 이해하는 새로운 수단을 제공했다. 아인슈타인은 1905년과 1915년에 특수상대성이론과 일반상대성이론을 차례로 발표하여 상대성이론 혁명을 이끌었다.

상대성이론은 새로운 물리학 이론인 동시에 자연과 공간 그리고 시간에 대한 새로운 개념을 제공한 이론이었다. 따라서 현대물리학의 핵심을 이해하기 위해서는 상대성이론이 도입되는 과정과 그 내용을 이해해야 한다. 이 책에서는 아인슈타인 편을 통해 상대성이론을 다루고 있다. 상대성이론의 내용은 간단하지 않아서 이 책의 내용만으로 이해했다고 할 수는 없겠지만 상대성이론에 관심을 가지는 좋은 계기가 될 것으로 생각한다.